ビジネス統計のための基礎理論

後藤正幸

JN074935

オデッセイコミュニケーションズ

はじめに

　近年，データサイエンスや人工知能といったキーワードが脚光を浴び，それとともにデータに基づく客観的な分析を通じた意思決定の重要性が再認識されています。統計学の歴史は古く，古代エジプトにおけるピラミッド建設のための調査やローマ帝国時代の国勢調査が知られていますから，統計調査という意味では数千年の歴史を持つと言えます。このように，さまざまな意思決定のために，実際のデータを調べ，現状を正しく理解した上で判断を下すべきであるという考え方は，古くから受け入れられ，大きな成果を挙げてきました。一方で，現在のビジネスで使われる統計分析は，情報技術の高度な発展とともに大規模なデータ（ビッグデータ）の取り扱いが可能となったことを受け，急展開を見せています。大規模なデータを分析するためには，もはや電卓では不十分で，データベースを直接操作したり，コンピュータープログラミングを駆使することも必要になってきています。このようなスキルを有した人材としてデータサイエンティストと呼ばれる仕事も人気となりつつあります。

　しかし一方で，すべてのビジネスの現場において，このようなビッグデータや人工知能を駆使した分析のみが必要とされるのか，というと決してそんなことはありません。いまだに，何らかの判断を下すために必要なデータを収集し，それらを表計算ソフトで集計して分析し，意思決定に役立てるという取り組みは，非常に多くの現場で行われています。また，そのような基本的な統計学の知識を持ち，集計された統計量や分析結果を読み解くスキルを持った人であれば，大規模データを分析して得られた結果や結論についても正しく理解をすることができるようになるのです。このような統計学の知識や考え方は，ビジネスの現場でも重要なスキルとなりつつありますから，早めに身に付けてしまった方が得であることには間違いがありません。

　本書では，ビジネスで使われる統計分析の基本知識として，一通り，基本的な統計学の理論と考え方を解説しています。数学的な記述や初めて聞く専門用語もあり，初学者には難しく感じることもあるかもしれません。しかし，統計学がそもそもやろうとしていることの全体像をイメージしてから細部に進めば，それほど，恐れることはありません。

　現在の統計学は，確率的な事象を前提として，観測されたデータからその背後にある全体に対して推測を行う推測統計学をベースとしています。統計分析の結果を見る際に重要な概念である「p 値」や「統計的有意」，「有意水準」といった用語の多くは，「サンプルから，全体を推測する際の確信の度合い」をきちんと評価するために必要となるものです。目の前で観測され，これから分析しようとしている有限のデータの背後には，観測されていない巨大な母集団があります。これが私たちが知りたい興味の対象です。その母集団に対して，限られた観測データからどこまでの推測が可能なのか？そう考えるとわくわくしませんか。

　これらの問題に対して，読者の皆さんと一緒に迫っていきましょう。

早稲田大学

創造理工学部経営システム工学科

後藤 正幸

目次

ビジネス統計分析 への招待

本章では，ビジネスのさまざまな場面においてデータ分析が活用されるイメージと，一般的な分析の進め方の全体像を把握することを目的としています。まずは，仕事の現場で使われる基本的な統計分析の全体像のイメージをつかむことで，最低限知っておくべき分析プロセスの基礎事項と，これから学ぶ細部の理解スピードを上げることができます。そのため，本章では多少の厳密性は犠牲にしつつも，ビジネスで活用されるデータ分析の基本プロセスについてのイメージをつかむことを優先して解説します。

近年のデータ分析を取り巻く状況

近年の情報技術の発展によって，従来では取得できなかったような，多様かつ大規模なデータを使える環境が整ってきています。このようなデータは，何らかの具体的な分析目的のために収集されたデータというよりは，ビジネス上の業務を進めるために活用される情報技術の副産物として，データベースに蓄積されているログデータのようなものも多いでしょう。

従来の統計分析というと，先に「明らかにしたい分析の目的」があって，そのためにアンケート調査を設計して実施したり，必要なデータを集めてきたりすることがほとんどでした。たとえば，どのようなパッケージが消費者に好まれるのかを調べるために，複数のパッケージサンプルを複数の被験者に見せ，個々の評価項目について点数を付けてもらうようなケースです。分析目的に従ってデータが収集されるため，その分析目的を明らかにするために都合のよいデータ収集法を設計できる反面，1つ1つのデータには取得コストがかかりました。そのため，可能な限り合理的なデータ収集の方法を設計することや，費用をかけて収集した貴重なデータからどれだけ意義のある分析結果を導けるかといったことが興味の対象でした。このようなアプローチは「分析目的となる "ある仮説" を事前に設定し，データ分析手法によってその仮説の検証を行う」という進め方で行われるので，**仮説駆動型アプローチ**と呼ばれることがあります。

今日のデータ分析を取り巻く世界では，**データサイエンティスト**と呼ばれる職種が注目されているように，かなり状況が変化してきているように思われます。誰でも利用できるオープンデータを入手することが非常に容易になっていますし，何よりも，情報技術を活用して

蓄積されたビッグデータは，我々人間が電卓や表計算ソフトを使って分析できるレベルを超越しつつあります。しかし一方で，膨大な購買履歴データを利用できるはずのオンラインショップでも，顧客ユーザーに対するアンケート調査が実施されています。このことは何を意味するのでしょうか。

　近年のビッグデータや人工知能技術のブームによって，大規模なログデータを活用することの意義は広く認識されるようになりました。このような大量に存在するデータを前提として，それらのデータを科学的に分析し，何らかの知見を得たり，さまざまな用途に活用しようとするアプローチは，**データ駆動型アプローチ**と呼ばれることもあります。膨大な画像データを学習することで，人の顔から個人を認識したり，多様な画像を自動で分類したりすることができるようになっています。人が話した内容を理解する人工知能も，多くの音声データを学習して得られた統計モデルがベースとなっているのです。

　しかし，これらの技術はいまだに「ある用途に特化したもの」が多く，人間のようにあらゆることに対応できるレベルには至っていません。これは，現在の人工知能は学習したデータに基づいて判断をしていて，学習に用いられていない未知の現象については合理的な判断ができないためです。

　すなわち，膨大な量の顧客の購買履歴データが与えられていても，その量が膨大であるからといって，それで十分という訳ではありません。顧客がどのような意図で，その商品を選び，どのように消費しているのかを知ることができなければ，さらに高度な意思決定になかなか結び付かないでしょう。このように，ビッグデータの重要性が叫ばれる現在においても，データ分析の目的のために収集される比較的小規模なデータの価値は失われていません。古くから発展してきた統計学と近年のデータサイエンスは二者択一的なものではなく，現在の企業や組織がおかれたビジネス環境を冷静に見据え，有用となる分析技術を自ら取捨選択して活用し，有用な知見を得ることが重要と考えられます。

1-2　ビジネス統計分析の利用場面

　ここでは具体的なイメージを持って理解するために，やや仮想的な例ではありますが，次のようなケースを考えてみましょう。

── 研修プログラムの委託先の選定 ──
　いま，あなたはある企業の人事部に配属されており，自社の新入社員向け研修プログラムの効果を実験的に評価し，報告するように上司から指示を受けているとします。
　研修プログラムの内容は「ビジネス統計分析」で，この研修プログラムの委託先として，企業Aと企業B，企業Cの3社まで絞り込まれています。しかし，全社的に導入する前にもっとも費用対効果の高い委託先を選定したいということになり，まずは限ら

れた社員に対して実際に研修プログラムを実施してもらい，評価をしてみることになりました。この実験と分析を始めるにあたり，基本的な状況は下記の通りです。

- これら3社ともに「初心者レベルの企業人を対象とし，ビジネス統計分析のスペシャリストとなるための効果的な研修プログラムを提供します」とうたっています。
- ビジネス統計分析の研修プログラムの効果は，事前に実施する知識テストと研修プログラム終了後に受験する「ビジネス統計スペシャリスト」の試験の得点で測ることができるものとします。
- この比較実験に参加してもらう社員の人数や選定基準，また分析の方法などについては，あなたに一任されているものとします。

以上の状況で，「研修プログラムの比較実験」とその結果の分析を行い，企業A〜Cのどの企業に研修プログラムを委託するべきかについて報告しなければいけません。さて，どのように進めたらよいでしょうか。

上の事例は「企業A〜Cの3社の中に効果的な研修プログラムを実施する企業が存在する」という仮説に基づき，これらの企業の中からもっとも効果の高い企業を発見することがデータ分析の目的となっています。すなわち，ある種の仮説が前提となって，そのためにデータを観測し，分析するので，典型的な**仮説駆動型のアプローチ**です。

一方で，インターネットやIoT (Internet of Things) を始めとする情報技術の普及により，消費者の行動履歴がさまざまな電子ログデータとして記録される時代となりました。記録されるのはインターネットを介した履歴だけでなく，ポイントカードやクレジットカードの利用による購買履歴データや電車やバスの公共交通機関のICカード利用によって記録される乗車履歴データなど，多岐に渡っています。このような社会環境の変化に伴い，これまでは取得が困難であった多様なデータを活用することが可能になっています。たとえば，次のような例を考えてみてください。

--- **効果的な施策立案のためのデータ分析** ---

いま，あなたはある小売企業のマーケティング担当として，売上向上に寄与する施策を明らかにすることを求められているとします。

この企業では，多カテゴリのさまざまな商品を扱っており，販売チャネルとしても，直営店舗とオンラインショッピングサイトの両方を持っています。あなたが分析を始めるにあたり，基本的な状況は下記の通りです。

- 直営店舗における売上データは，POS（Point of Sales）システムによって，商品別に時刻情報とともに蓄積されており，一部はポイントカードシステムの利用を通じて顧客ID（顧客の識別番号）とも紐付けることができます。
- オンラインショッピングサイト上の購買履歴は，顧客ごとのアカウントによるクレジット決済になるため，すべての購買履歴を顧客IDと紐付けて取得できます。すなわち，どの顧客が，いつ，何を購入したかについては，過去，数年間のデータが

3

すべて利用可能です。

- この企業は，これまでもダイレクトメールやチラシ，キャンペーン，店舗イベントといったさまざまな販売促進のための施策を実施しており，その際の各商品の売上データと紐付けることもできます。

以上の状況で，過去のどのような販売促進の施策が有効であったのかについて，実績に基づいて分析し，今後の効果的な施策のあり方について報告しなければいけません。さて，どこからどのように手をつけたらよいでしょうか。

上の事例は，今日の小売業で行われているデータ分析の状況を抽象化したものになっています。POS システムやポイントカードシステムによって蓄積された購買履歴データやオンラインショッピングサイト上の閲覧履歴データなど，多様なデータが蓄積されており，これらのデータから何らかの有用な知見が得られるのであれば，それは積極的に活用した方が得策でしょう。このような**データ駆動型のアプローチ**も重要になってきています。

ビジネスデータ分析の方法論やそのための有効な統計モデルには，唯一の正解がある訳ではありません。データを分析してみても有用な結果が得られず，データの処理の仕方や分析手法を変えて，分析をし直すといったトライ・アンド・エラーの繰り返しが必要になることも多くあります。

1-3 データ分析に必要なプロセス

● 1-3-1 データ分析の業務としての流れ

ビジネスデータを分析して報告するまでの基本的な業務の流れは，おおむね次のようになります。

1. **データ分析の目的と方法を設計**：いきなりデータを集めてくる前に，分析の目的をきちんと定め，どのようなデータを収集し，どのような分析を行うことで目的が達成できるのかを明確にする。
2. **データの収集**：必要となるデータを収集して，表計算ソフトやデータベースなどに保存する。
3. **データの加工**：収集されたデータを統計分析が可能な形に加工するとともに，外れ値や分析に含めるべきではない部分を削除するなどの処理を施す。このような作業を**データクレンジング**という。
4. **データの集計と分析**：実際に統計分析の手法を駆使して，分析対象データをさまざまな観点から分析し，ビジネスに活かせる知見に結び付ける。

5. **整理，考察，レポート化**：分析された結果を整理し，考察を与えるとともに，第三者にも理解できる形のレポートを作成する。

　上記の業務では，必要に応じて何度も戻ったりしながら，データ分析が行われるのが通常です。また，このうちのデータクレンジングの作業では，データを整形するスキル以外に，対象問題に関するさまざまなノウハウも必要になります。データによっては，二重登録や誤記，表記の揺れなどがあり，これらを削除したり，修正したりすることが必要です。たとえば，小売業における POS システムに蓄積される売上データでも，ときどきマイナスの売上が計上されていたりすることもあります。会計をしたあとに返品をしてきた顧客がいた場合，このような処理が行われる場合があるのです。また，一般の顧客ではなく，業者と思われる人物が一度に大量に同じ商品を購入している場合も有り得ます。一般顧客を対象とした分析をしようとしている際に，このような大量買いをする人は，外れ値として除外して分析した方がよいでしょう。

●1-3-2 ビジネス統計における分析プロセス

　前節の「効果的な施策立案のためのデータ分析」の例では，売上に寄与する施策を検討することが根本的な目的としてありました。そのためには，売上という**アウトカム（成果指標）**に対して，これを向上させる要因を明らかにすることが重要になります。一般に，ビジネスでは，利益を向上させることが求められますが，「利益＝売上－コスト」ですから，「コスト」に関連した指標をアウトカムとした分析が行われることもあります。また，長期的な売上の継続のために「顧客満足度」といった指標をアウトカムとして，これを向上させるための分析が行われることもあります。これらは，大きい方が望ましいアウトカムや小さい方が望ましいアウトカムの例ですが，ある値に近い方が望ましいという場合もあります。たとえば，品質管理の分野では**品質特性**によって品質の良し悪しが測られますが，製品の外径や重量，反発係数，出力電圧などは，ある設計値があり，それに近いほど望ましいとしています。このように，有限の目標値が与えられた品質特性で，その目標値に近いほどよいものを**望目（ぼうもく）特性**といいます。

　以上のような分析場面では，何らかのアウトカムを定義することができ，それをコントロールするための要因を探ることが主たる分析目的となります。このような分析をするための 1 つの手法が，11 章から 13 章で説明される**回帰分析**です。回帰分析では，管理したいアウトカムのことを**目的変数**，または**従属変数**，アウトカムに影響を与える要因のことを**説明変数**，または**独立変数**と呼びます。

　いま，統計分析を通じて取り組もうとしている問題が，合意の取れる目的変数を設定することができ，かつ要因となり得る説明変数を列挙することができるのであれば，これらの間の関係性を回帰分析で調べることで，重要な要因とその効果を推測できます。ただし，ここで得られている分析結果は，あくまで**相関関係**であって，**因果関係**であることは保証されて

いません。相関関係とは「変数 X が大きくなると変数 Y もともに大きくなっている関係」，またはその逆の「変数 X が大きくなるとともに変数 Y が小さくなっていく関係」を指します。このような統計的関係性が見られたからといって，変数 X を変化させると変数 Y も変化するかというと，そうとは限りません。変数 X を変化させると変数 Y も変化する関係は因果関係と呼ばれますが，相関関係が見られても，それが因果関係であるとはいい切れないのです。しかし，相関関係を手掛かりに因果関係のある要因を見つけることができれば，それは目的変数を制御するために非常に有効な策を発見したことになります。

　回帰分析などを用いて確認された変数間の相関関係が，因果関係であるか否かを検証するためには，**ランダム化比較実験**，または **A/B テスト**と呼ばれる実験が有効になります。回帰分析などを通じて発見されたビジネス上の施策のアイデアについては，その効果を検証してから導入した方が確実です。ランダム化比較実験とは，恣意的な評価の偏りを避け，客観的に効果を評価することを目的とした検証実験の方法で，主に医療分野の臨床試験などに使われています。A/B テストとは，主にマーケティング分野で施策効果を検証するための方法として広く導入されています。

　一方，考えられる要因の候補があまり絞り込まれていない場合に回帰分析を実行すると，目的変数と非常に多くの説明変数との関係性を一度にモデル化しようとするため，限られたサンプルデータから有用な知見を得ることが難しくなる場合があります。たとえば，各顧客の各商品の購入点数といった変数を利用する場合や，たくさんの質問項目からなるアンケートデータへの顧客の回答を分析する場合，扱う変数が多すぎて，そのままでは回帰分析にかけるのが難しいでしょう。このような場合，あらかじめたくさんの変数からなるデータをいくつかの少ない変数に集約したり，データそのものをいくつかのグループに仕分けしたりする作業が有効となります。前者のように，たくさんの変数をいくつかの少ない変数に集約する分析手法としては，**因子分析**や**主成分分析**，**非負値行列因子分解**などの多変量解析手法が知られています。後者のように，データをいくつかのグループ（クラスタ）に仕分ける分析は**クラスター分析**，もしくは**クラスタリング**と呼ばれ，**k-means 法**や**階層クラスタリング法**などの方法が知られています。これらの因子分析やクラスタリングといった方法によって，非常に多い変数をいくつかの因子やサンプルの各クラスタへの所属度といった変数に集約してから，回帰分析を行うことで有用なモデルが得られることもあります。

　以上をまとめると，実際にビジネスで活用される統計分析では，おおよそ以下のようなプロセスが基本となるでしょう。

1. **因子分析やクラスタリング**：必要があれば，因子分析によって多くの変数を少数の因子に集約したり，データをクラスタリングして，扱いやすいデータにする。
2. **回帰分析による要因の特定**：重要なアウトカムを目的変数とした回帰分析を行い，効果の高い要因を明らかにするとともに，可能なビジネス上の施策を立案する。
3. **A/B テストなどによる因果関係の検証**：立案した施策のビジネス上の効果について，A/B テストを通じて因果関係を検証し，実際に施策導入の価値があるか否かを評価する。

以上のうち，第1プロセスの因子分析やクラスタリングについては，初学者は取りあえず，無視しておいて構いません。まずは，回帰分析を使いこなし，A/Bテストを実施するために必要となる検定・推定の考え方について，しっかりと学び，理解を深めてください。

● 1-3-3 データ分析プロセスにおける必要な統計分析の知識

　統計分析は，曖昧な事象を取り扱う確率モデルをベースとしていますので，検定や推定についてきちんと理解しようとすると，**確率**や**確率分布**を知らなくてはいけません。そのような前提知識から順番に学ぼうとすると，本書の章構成に沿って，確率や確率分布から順番に知識を積み上げていくことになります。しかし，手っ取り早くビジネス統計の全体像を勉強したい人は，母集団と統計データ，1変量データ，2変量データのまとめ方まで勉強したら，確率や確率分布，検定や推定のところは飛ばして，先に後半の相関と回帰，重回帰分析のところから読み始めても構いません。その場合，適宜，わからないことがあった場合に，前半の章に戻って確認してみてください。

　前節で説明したビジネス統計の現場で基本となる統計分析のプロセスの順序で，これから学ぶ必要がある知識を示すと，以下のようになります。

1. **因子分析やクラスタリング**：これらの集約手法の知識は，さらにレベルアップした**多変量解析**や**機械学習**を学ぶことで得られます。最近では，専用の統計パッケージ（ソフトウェア）があるので，データ分析の背後にある数理的なモデルやアルゴリズムの詳細を知らなくても，比較的容易に結果を得ることが可能です。このように，ビジネスデータ解析の現場では，手法の詳細を知らなくても結果を得ることができますが，どのような場合にどの手法を用いるべきかを知っておく上でも，手法の概要とそれらの関係性については理解しておいた方がよいでしょう。これらの手法に関する勉強は，さらに高度なレベルの統計分析の知識になりますので，さらにレベルアップを目指す人は，多変量解析の参考書などで勉強してください。

2. **回帰分析による要因の特定**：重要なアウトカムを目的変数とした回帰分析を行うためには，重回帰分析の手順を学ぶとともに，重回帰モデルの式を理解する必要があります。これは，仮定されている誤差の条件をきちんと理解していることを意味します。これらの仮定が成り立つと考えられる場合，重回帰分析では，推定された**偏回帰係数**の検定や目的変数の予測値の区間推定などが可能になります。説明変数間の相関が強いと**多重共線性**という問題が起こります。多重共線性は**マルチコ**とも呼ばれ，その対処法については理解しておく必要があります。

3. **A/Bテストなどによる因果関係の検証**：重回帰分析では多数の説明変数の中から関係のありそうな変数を特定することができます。しかし，その関係を用いた施策が有効であることを示すためには，その関係が因果関係であることを検証する必要があります。

そもそも，統計的な推論に絶対はありません。統計学では，判断の誤りがある基準よりも小さくなるように設計されますので，いくら1つ1つの推論の判断の誤りが小さくても，たくさんの変数に対して同時に統計的推測を行えば，そのうちいくつかは誤ってしまい，「本当は関係のない変数を，関係があるものと結論づけてしまう」ことが有り得る訳です。従って，立案した施策のビジネス上の効果については，再度，その施策の効果を検証することだけに目的を絞ったA/Bテストを行い，因果関係を検証する必要があります。A/Bテストの結果の分析に用いられるのが，**検定**と**推定**になります。A/Bテストでは，何に対して効果があるのかを検証するのかによって，仮定する**統計量**の分布や検定の手順が異なりますので，その点を理解しておく必要があります。

以上の内容のうち，回帰分析と検定・推定の基礎については，このテキストで学ぶことができます。上に示した統計分析のプロセスの全体像を理解してから，細部を勉強すると効果が高まるはずです。

1-4 データ分析者としての基本スキル

ビジネスの現場でデータ分析を活用し，さまざまな施策立案とその実施と評価を行うためには，それなりのスキルが必要です。だからこそ，データを分析し，基本的な統計処理を行える人材が重宝されるのです。

近年のデータサイエンティストに必要とされるスキルとしては，たとえば，一般社団法人データサイエンティスト協会が，そのスキルセットをWebサイトで公開しています[1]。それによれば，データサイエンティストに求められるスキルセットの大まかな分類として，「ビジネス力」，「データサイエンス力」，「データエンジニアリング力」の3つが挙げられています。この分類には「この3つのスキルはどの1つが欠けていてもいけません。また，この3つのスキルは課題解決のフェーズによって中心となるスキルが変化します。」という注釈が付けられています。これはデータサイエンティストという専門家に求められるスキルですので，一般のビジネスパーソンがこれらをすべて習得しなければならないという訳ではありませんが，参考にしておくのはよいでしょう。

著者は，日頃の大学の授業で「経営（マネジメント）」，「統計学」，「情報技術」という言い方で説明をしています。

1. **経営（マネジメント）**：対象とするビジネス領域において，特有のビジネス環境や背景を正しく理解した上で，解決すべき問題を定義し，正しいアプローチを通じて解決に結

---

[1] 一般社団法人データサイエンティスト協会：https://www.datascientist.or.jp/

び付ける能力
2. **統計学**：統計学全般（機械学習や人工知能なども含む）の理論や知識体系を理解し，問題に合わせて適切な手法やモデルを活用できる能力
3. **情報技術**：データを加工したり，分析したりするために情報技術を活用できる能力。また，得られた結果を実社会に活用するための実装や運用を行う能力

　これからビジネス統計を学ぼうという意欲のある人は，経営（マネジメント）の能力については，それぞれの実務の現場で磨いている方々かもしれません。このような方々は，統計学の知識を身につけ，自身のマネジメント力と融合するだけで，新たな発想力や分析力が備わることでしょう。ビジネス統計を本当に活用しようとしているのであれば，ビジネス上のスキルは必須で，統計学の知識だけ持っていても有用な施策は出てこないのです。

　一方，情報技術については，Microsoft Excel や市販の統計解析パッケージなど，ご自身の環境にマッチしたものを活用できるスキルがあれば，最初はそれで十分と考えます。まずはできるところから始めてみることが肝要でしょう。Microsoft Excel の分析ツールを使いこなすだけでも，一通りの統計分析が可能です。そのうち，もっと大規模なデータを処理したいとか，もっと違った分析手法を取り入れたいといった希望が出てきたら，その時にどのような分析環境を使うのがよいかを考えれば十分でしょう。データサイエンスの分野では，Python などのプログラミング言語がもてはやされていますが，すべての人が Python でデータ分析をしなければいけない訳ではありません。

　ビジネス統計を学ぼうという読者の皆さんは，まずはしっかりと統計学の基礎を身につけるのが良いと考えられます。その際，統計学は単なる知識としてではなく，実際にビジネスデータを分析するプロセスを通じて，データを見て，処理し，分析する力を養っていくことが重要です。そのようなプロセスにおいては，データ分析に必要なビジネスの知識と情報技術活用力も自然と総動員されていることでしょう。

母集団と統計データ

　本章では，ビジネスのさまざまな場面において統計データを扱ううえで，もっとも基本的事項となる母集団の概念と統計データの種類についてまとめています。母集団の統計的性質を調べるためにとても重要な概念であるサンプリングについて述べるとともに，ランダムサンプリングの重要性についても説明します。

 ## 2-1　統計分析の考え方

　ビジネスの多くの場面において，統計分析は重要です。この場合の統計分析とは，「意思決定を行うためのさまざまな統計データをそろえること」であるほか，「統計データから重要な知見を得るために，さまざまなデータを組み合わせたり，図や表で可視化すること」という意味でも使われます。統計分析の重要性は「具体的な数字やデータを用いて，議論の対象や問題点を客観的に把握すること」をもって語られることが多々あります。これは確かに正しいのですが，統計分析では，さらに「その数字やデータには，なんらかの偶発的な変動やばらつきが含まれていること」を前提としている点に注意が必要です。観測された数字やデータは，観測値としては真であるかもしれませんが，たまたま観測された値であったり，そもそも観測上の誤差が入り込んでいたりするかもしれません。統計分析とは，このような数字やデータの変動を前提とした分析を行うための体系であると言ってもよいでしょう。

　まとめると，統計分析では次のような考え方に基づいて，観測された数字やデータを正しく読み解き，偶発的な変動に惑わされずに，データの持つ規則性や傾向を客観的に把握しようとする方法論であると言えます。

　　1. 具体的な数字やデータを用いて，議論の対象や問題点を客観的に把握する。
　　2. ただし，それらの数字やデータには偶発的な変動やばらつきが含まれていると考える。

　観測される数字やデータが変動的なものであるということは，わたしたちの現実世界のあらゆる事象を考えると，きわめて自然な前提です。たとえば，「高校生の1日の勉強時間」を調べるために，高校生1,000人にアンケートを実施してデータを採取したとします。まず，

これら 1,000 人の回答自体がばらついています。1 日 10 時間勉強する生徒もいれば，1 日 30 分以下という生徒もいるかもしれません。また，別の 1,000 人を選んできて同じアンケートを実施したら，やはり回答は，先の 1,000 人とは異なるでしょう。このように統計分析では，得られるデータが変動的なものであることを前提としつつ，そのなかに存在する規則性や傾向を抽出することが最大の関心事ということになります。

母集団とサンプリング

●2-2-1 母集団と標本

　統計分析を行う場面では，必ず分析の目的が存在するでしょう。データを用いた統計分析を行う前に，まず知りたい対象は何であるのかを明確に定義する必要があります。ある製品に対する「日本の消費者全体の満足度」を知りたいのか，あるいは「日本の大学生の満足度」を知りたいのかによって，調査の対象や方法もまったく変わってきます。このような分析対象の集合全体を**母集団**といいます。たとえば，日本の有権者全体の意識調査を行うことが目的であれば，この分析が対象としている母集団は「日本の有権者全体」になります。

　「日本の有権者全体」の意識を知りたいのであれば，全有権者のデータを採取すれば済むことですが，実際にはコスト面の制約から困難であることがほとんどです。統計分析では，母集団の統計的性質や傾向を把握するために，母集団から選んだ有限のデータを観測し，その結果に基づいて母集団について推測を行います。このようにして，母集団からなんらかの方法で選んで抽出したデータのことを**標本**または**サンプル**と呼びます。標本は，標本データ，あるいは単に**データ**と呼ばれることもあります。また，統計分析のために抽出した標本の数を**標本数**または**サンプルサイズ**といいます。

　また，標本データを集計・加工して得られる数値を**統計量**，あるいは**統計データ**といいます。たとえば，個々の顧客の 1 月の購買商品点数のデータを調査する際，ひとりひとりの購買点数は標本であり，そこから計算した平均購買点数は統計量です。

●2-2-2 サンプリング

　母集団から標本を得る操作を**標本抽出**といいます。標本は母集団について調べるために採取されるものであるため，母集団の統計的性質ができるかぎり失われないように抽出されるべきです。そのためには，母集団の全体からランダムに標本が抽出される必要があります。このような標本抽出を**ランダムサンプリング**，または**無作為抽出**といい，それにより得られた標本を**ランダムサンプル**，または**無作為標本**といいます。

　統計分析では，ランダムサンプリングによって無作為標本を得ることが基本的な考え方で

すが，実際には完全なランダムサンプリングが困難であることもよくあります。たとえば，日本の有権者全体を母集団としたとき，母集団全体から完全にランダムにデータを抽出することは困難です。電話帳から任意の番号を選び，電話によるアンケートを実施したとしても，これが完全にランダムサンプリングであるという保証はありません。電話をかけた時間帯に自宅にいる有権者のみの意見が抽出されるからです。一方，eメールによる回答を集めた場合にも，eメールを使う有権者の意見が抽出されるので，これが有権者全体であるという保証はありません。統計分析では，対象としている母集団からランダムサンプリングを行うことが基本であり，調査対象が偏っていないかどうかについて，常に確認を行うべきでしょう。

　また，社会調査などで行われる，人間を対象とした標本調査では，母集団を構成する全員から完全にランダムに標本を抽出することが困難な場合も多くあります。母集団の構成員全体のリストがあれば，そのなかからランダムに抽出することも可能ですが，そのようなリストは存在しないことがほとんどです。そのため，社会調査では次のような方法がとられることがよくあります。

- **集落抽出法**：まず調査を行う地域をランダムに選び，次にそれらの地域に含まれる調査対象をすべて調べる方法
- **二段階抽出法**：まず調査を行う地域をランダムに選び，次にその地域に含まれる調査対象からランダムに標本を抽出する方法

　若者の意識調査，あるいは顧客への商品に関するアンケート調査といった設問形式の調査では，回答にバイアスがかかるような設問になってはいけません。次のような設問は，悪い設問の例です。

(1) わかりやすい設問文になっていない。
(2) 1つの設問で2つ以上の内容をたずねている。
(3) 誘導尋問になっている。

　(1) については，たとえば「観光開発とともに，環境破壊が進んだと思いますか？」という設問に，「はい」「いいえ」の二択で答えるものです。「環境破壊は進んだと思う。観光開発が原因かはわからない」という意見のときに，「はい」と「いいえ」のどちらを選んでよいのか迷う人がいるはずです。また，難しい専門用語を使っていたり，設問文が二重否定になっていたりと，わかりにくい場合も含まれます。

　(2) は「この製品は，高品質でかっこいいと思いますか？」といった設問です。1つの設問で複数の内容を含めて聞くと，被験者がこの設問をどのように解釈するかによって回答がぶれてしまいます。

　(3) については，ある仮説を裏付けるためのアンケート調査を行う場合に，回答にバイアスがかかりやすい設問になっている例がときどき見かけられます。「この規則は，各部署か

らさまざまな問題があると指摘されています。この規則は改訂すべきと思いますか？」といった設問では、何も意見を持っていない被験者は「はい」と答えるでしょう。

　アンケート調査の場合には、しばしば択一式の回答欄の複数項目にチェックが入っていたり、読み取りにくい記述であったり、あるいは回答がなされていなかったりと、調査に対する回答としては不適切なものが存在することがほとんどです。このような回答は**無効回答**と呼ばれ、分析対象のデータから外す必要があります。

　無効回答以外の、分析の対象となり得る回答は、**有効回答**と呼ばれます。アンケート調査の分析では、アンケート調査を依頼した人数に加え、**有効回答数**を示したうえで、その調査結果を示すのが一般的です。

●2-2-3 記述統計と推測統計

　一般に、得られた有限の標本を加工し、グラフや表によって可視化することで、データの統計的性質を明確にしようとする統計的手法を**記述統計**といいます。記述統計では、第3章で説明する**ヒストグラム**や第4章の**散布図**など、データをあらゆる角度からモニタリングするための手法を適用することになります。

　一方、得られた有限の標本から、ある精度のもとで母集団の性質を明らかにしようとする統計的手法を**推測統計**といいます。得られた標本から母集団について統計的な推測を行うために、データがある種の**確率分布**[1]に従っているといった仮定をおく必要があります。

　一般に、母集団が確率分布に従っていると仮定し、有限個の観測データから、この母集団の真の確率分布についてなんらかの推測を行うことが、推測統計の目的となります。そのためには、観測した標本データが、きちんと母集団を代表しているようにサンプリングすることがとても重要です。もし、調査コストなどの問題からeメールによる意識調査を実施するような場合には、調査法によるバイアスが存在し得ることを考慮にいれたうえで、結果を解釈する必要があります。

---

[1] 確率分布の詳細については、第6章を参照。

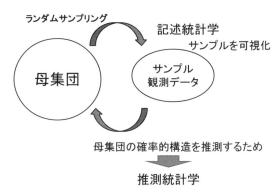

図 2.1: 母集団とサンプリング

2-3 統計データの種類

　統計解析では，解析の対象により多種多様なデータが扱われます。統計解析を学ぶにあたり，まずこれらデータの分類を把握することが重要です。データはいくつかの種類に分類され，分類ごとに適用できる統計手法が異なります。本節では，データの分類方法について説明します。

●2-3-1 質的データと量的データ

　データは大きく分けると，**質的データ**と**量的データ**の2つに分類できます。質的データとは，性別や職業，血液型，所属会社，支持政党，国籍など，質的な分類を表すデータのことです。一方，量的データとは，身長や体重，金額，距離，速度，個数など，値が数値として表され，定量的に大きさが測れるデータを指します。量的データはさらに，連続的な値をとる**連続値データ**と離散的な値をとる**離散値データ**に分類できます。連続データは**計量値データ**とも呼ばれます。また，個数や回数のように，自然数で数えられるデータを**計数値データ**といいます。

　質的データと量的データを分類するのは，これらの違いによって，データの加工や取り扱いの方法が異なるためです。

●2-3-2 尺度水準

　実際の分析においては，質的データと量的データだけでなく，さらに細かい分類について意識しなければなりません。そのため，データの尺度という概念が重要となります。

　質的データの尺度は，**名義尺度**と**順序尺度**に分けられます。名義尺度は，性別や職業など，

所属するカテゴリの名前を表しているデータです。統計計算のために，男性を1，女性を0と数値で置き換えることがありますが（このような変数を**ダミー変数**といいます），その値の大小は本質的な意味を持ちません。それに対し，順序尺度は，「優」「良」「可」といった成績やアンケートの5段階評価など，数値の大小が順序的な意味のみを持ち，数値間の差や比には意味を持たないデータを表します。

　また，量的データの尺度は，**間隔尺度**と**比率尺度**に分けられます。間隔尺度は，気温や偏差値などのように，数値の差が意味を持つデータの尺度を表します。一方，比率尺度は，身長や体重のように，数値の差だけでなく，比率も意味を持つデータの尺度を指します。たとえば，気温の場合，10℃と15℃の差と20℃と25℃の差はともに5℃で，この差の5℃の持つ意味合いはどちらの場合も同じです。しかし，0℃は「温度がないこと」を表しているわけではなく，単に水が凍る温度を0℃と定義したための基準値です。したがって，20℃は10℃の2倍の温度であるかというと，物理的にはそのような説明は正しくありません。それに対し，たとえば，体重50kgと100kgでは比率が2ですが，これは「体重が2倍」ということを表しており，比率が意味を持っていることがわかります。間隔尺度と比率尺度の違いは一見わかりにくいものですが，0が「何もないこと」を意味する場合は比率尺度，そうでない場合は間隔尺度だと言えます。間隔尺度のデータに対し，比率を計算して考察を行うのは無意味でしょう。

　観測されたデータとその背後にある「本当に調べたい対象」の違いを意識することはとても大切です。たとえば，「観測されたデータの平均値（算術平均）」と「本当に知りたい母集団の平均値」の差異について，きちんと理解できているでしょうか。実は，ビジネスで統計分析を活用している人たちの中にも，これらを混同してしまっている人がかなりいます。この点について明確に理解することは，非常に大切なハードルですので，もしこれらの違いが明確に説明できない人は，いま一度，この点について明確に理解しておきましょう。

　そもそも，私達が統計データ分析において対象としている事象は，確定的なものではなくばらつきがあるものです。サイコロを振って出る目のように，観測するごとに異なる値が得られる訳です。

　そのようなばらつく事象に対して，観測した有限個のデータは，そのデータの中でもばらついています。たとえば，サイコロを5回振って，2, 5, 3, 1, 2と出たとすると，これらの5つのデータの平均値は2.6ですが，もう一度，サイコロを5回振り直して，4, 2, 5, 6, 3と出たとすると，今度は平均値は4.0です。一体，この差をどのように理解したらよいので

しょうか。

　この例では，サイコロを 5 回振るという試行をやり直すことができるので，平均の結果が毎回異なることを明確にイメージできるかもしれません。では，内閣支持率を調査するために，ランダムに抽出した 3,000 人のアンケート結果をもって「現在の内閣支持率は○○％である」と述べている例ではどうでしょう。もう一度，ランダムに 3,000 人を抽出し直してアンケートを取ったら，内閣支持率は変わってしまわないでしょうか。

　統計学の分野において，観測されるデータはサンプルであって，本当に知りたいのは母集団の平均値といった真の数値（**母数**や**パラメータ**などと呼ばれることがあります）です。観測されたサンプルデータの平均値は，その知りたい真の数値を推定したものですから，明確にそのような理解をしておくことが重要です。統計学は，この推定された値がどれだけ精度の良いものであるのかを保証してくれるような学問だとイメージしても良いでしょう。

章末問題

1. **母集団について，次のなかからもっとも正しい説明を選んでください。**
   (1) 母集団とは，統計として採取したデータの集合である
   (2) 母集団とは，世論調査をする際に使われる言葉であり，成人全体を指す
   (3) 母集団とは，複数の部分的な集合の和集合である
   (4) 母集団とは，調査の対象となる集合全体である

2. **標本抽出の方法について，次のなかから正しい説明を選んでください。**
   (1) 標本抽出では，母集団の分布に従って独立に標本が抽出されるべきである
   (2) 標本抽出では，調査や標本採取のためのコストを優先すべきである
   (3) 標本抽出では，ほかの調査ですでに得られているデータを常に活用すべきである
   (4) 標本抽出では，観測する標本を見ながら，次の標本の観測法を調節すべきである

3. **職業別の平均残業時間を調べるため，職業の候補を複数並べ，「選択回答式で該当する職業 1 つに○をつけた後に日々の残業時間を記入する」というアンケートを無作為に選んだ企業人 1,000 人に対して実施したところ，10 人が複数の職業に○をつけました。そのアンケートデータの取り扱いとして，次のなかから正しいものを選んでください。**
   (1) ○をつけている職業のなかから，1 つを無作為に選ぶ
   (2) ○をつけているすべての職業に対して，残業時間を集計する形で平均残業時間を求める
   (3) ○をつけている職業数が 2 つであるなら，残業時間を 2 等分して計算に算入する

ことで，それぞれの職業の平均残業時間の算出に有効活用する

 (4) 有効回答ではないと判断し，分析対象のデータから外す

4. **統計量について，次のなかからもっとも正しい説明を選んでください。**

 (1) 統計量とは，得られた標本データから計算される変量のことである

 (2) 統計量とは，得られた標本データから計算できる統計値の種類数のことである

 (3) 統計量とは，得られた標本データの合計のことである

 (4) 統計量とは，得られた標本データすべてを指しており，標本データの値を意味する

5. **記述統計と推測統計の違いについて，次のなかからもっとも正しい説明を選んでください。**

 (1) 記述統計とは結論を断定的に記述し，推測統計はある程度の曖昧性を伴った推測を述べる

 (2) 記述統計とは観測されたデータの特徴を分析し，推測統計は母集団の特徴について分析する

 (3) 記述統計とは図や表を用いた視覚的な分析手法であり，推測統計は数値を用いた分析手法である

 (4) 記述統計とはデータを記述していく統計であり，推測統計は推測してからデータを観測することを繰り返す統計である

6. **次の質的データのうち，名義尺度であるものを選んでください。**

 (1) 優，良，可，不可の成績

 (2) 地震の震度

 (3) 100m 走の順位

 (4) 学生の学籍番号

7. **次の質的データのうち，順序尺度であるものを選んでください。**

 (1) 電話番号

 (2) 会社員，自営業などの職業

 (3) A 型，B 型，AB 型，O 型の血液型

 (4) 10 代，20 代，30 代などの年代

8. **次の量的データのうち，比率尺度であるものを選んでください。**

 (1) 摂氏で測られた気温

 (2) 食塩水中の塩分濃度

 (3) カレンダーの日付

 (4) 知能指数

9. 次の量的データのうち，間隔尺度ではあるが，比率尺度ではないものを選んでください。

    (1) 絶対温度

    (2) 店舗の売上高

    (3) 偏差値

    (4) 利益率

第 3 章

1変量データの
まとめ方

本章では，記述統計の手法について説明します。具体的には，得られたデータから表やグラフを作成し，意味のある統計量を算出する方法など，1変量データのまとめ方について学びます。

本章から理解を深めるための数式が出てきますが，必ずしも，これらの式をすべて覚える必要はありません。まずは，それぞれのデータの性質や統計量の意義を理解することが重要です。

3-1 円グラフと棒グラフ

1変量質的データをまとめる方法としてよく使われるグラフは，円グラフと棒グラフです。まず，図 3.1 に，円グラフの例を示します。これは，学生に好きなスポーツを質問した際に得られたデータをまとめた例です。

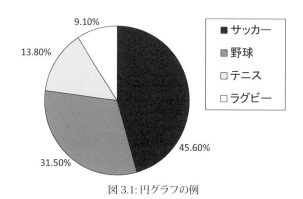

図 3.1: 円グラフの例

一方，図 3.2.1 と図 3.2.2 の棒グラフの例は，各項目の割合を比較するだけでなく，データの度数（頻度）そのものを比較することができます。

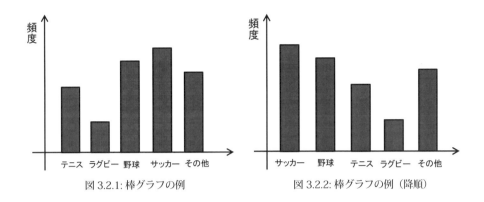

図 3.2.1: 棒グラフの例　　　　　　　図 3.2.2: 棒グラフの例（降順）

　円グラフと棒グラフは，状況に応じて使い分けます。円グラフは，項目数がそれほど多くない場合に，各項目の割合を比較する際に有用です。割合の大小を直感的に理解できます。一方，各項目の度数を比較したい場合や項目数が多い場合には，円グラフよりも棒グラフのほうが適切です。

　棒グラフの棒が高いものから低いものへと並ぶように，頻度順で降順に並び替えてグラフ化することも多くの場合，有用です。このとき，「その他」については，「個別に頻度を計算すると数が小さくなってしまう項目」を集めたものと考えられるので，各項目を降順に並べ替えた後のいちばん最後に示すことが一般的です。

3-2 度数分布表とヒストグラム

　1 変量量的データをまとめる基本的な方法は**ヒストグラム**であり，ヒストグラムを描くためにデータを表形式でまとめたものを**度数分布表**といいます。一般に，調査や実験により得られた量的データは，そのままでは数値の羅列にすぎません。まず最初に，これらの量的データがどのようにばらついているのかを調べることが必要です。ここでは，ヒストグラムを用いて量的データの分布を調べる方法について説明します。

●3-2-1 度数分布表とヒストグラムの読み方

日本人の 20 歳男性 120 人の身長（㎝）のデータが以下のように得られたとします。

165.3　166.2　181.0　183.9　162.3　177.5 …

　このような量的データに対しては，データの傾向をとらえるため，表 3.1 のような**度数分布表**を作成します。度数分布表では，データを**階級**と呼ばれるいくつかのグループに分け，

各階級に含まれるデータの個数（**度数**）を数えたものを表にします。各階級は，同じ幅を持った区間で与えられ，階級の中心の値を**階級値**といいます。

表 3.1: 20 歳男性身長（cm）の度数分布表

階級	階級値	度数	相対度数	累積度数	累積相対度数
$147.5 \sim 152.5$	150.0	1	0.008	1	0.008
$152.5 \sim 157.5$	155.0	5	0.042	6	0.050
$157.5 \sim 162.5$	160.0	16	0.133	22	0.183
$162.5 \sim 167.5$	165.0	35	0.292	57	0.475
$167.5 \sim 172.5$	170.0	32	0.267	89	0.742
$172.5 \sim 177.5$	175.0	19	0.158	108	0.900
$177.5 \sim 182.5$	180.0	9	0.075	117	0.975
$182.5 \sim 187.5$	185.0	3	0.025	120	1
計	—	120	1	—	—

度数分布表を作成する手順は次のとおりです。

Step 1 データの最大値 x_{max}，最小値 x_{min} を見つけ，データの範囲 $R = x_{max} - x_{min}$ を求める。

Step 2 階級数 c を決める。階級数は 10 程度に分けることが多いが，データ数 n に応じて $c \approx \sqrt{n}$ 程度を目安として決める [1]。

Step 3 階級幅 w を，$w \approx R/c$ を目安として決める。ただし w は測定単位の整数倍となるように調整する。

Step 4 階級を決める。もっとも小さい階級の下側境界値をデータの最小値から適切な値に設定し，ここから w ずつ加えていき，各階級の境界値を求める。このとき，境界値が最大値 x_{max} より大きくなるまで階級を作る。

Step 5 各階級をもとに，データの度数を数え，度数分布表を作成する。

度数分布表は，各階級に含まれるデータが何個あるかという度数を表示しています。また，データの総数に対する度数の割合である**相対度数**は，データ数が異なる複数のデータを比較する場合などに用います。さらに，度数，相対度数それぞれの累積値を**累積度数**，**累積相対度数**と呼び，これらの値が有効な場合もあります。この度数分布表をグラフ化したものが**ヒストグラム**（図 3.3）です。

---

[1] "≈" という記号は，だいたいそのくらいの値という大よその等号を表しています。たとえば，階級幅は切りのよい数字が望ましいので，$R/c = 2.1623$ のような場合，$w \approx 2.0$ などとしてもよいでしょう。

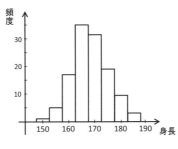

図 3.3: ヒストグラム

　ヒストグラムは，その形状によりデータの分布を直感的に把握することができます。特に以下の点について注目することが重要です。

1. **単峰形かどうか**：得られたデータが一山形の分布（**単峰形分布**）であるのか，二山，またはそれ以上のピークを持つ分布（**多峰形分布**）であるのかは重要な観点です（図 3.4）。山が複数存在する多峰形の場合には，異なる性質を持つ複数のデータが混在している可能性があるので，その原因を探る必要があります。

2. **対称かどうか**：ヒストグラムが左右対称か非対称かは，この分布が第 8 章の検定や推定で出てくる**正規分布**をあてはめてよいかどうかに通じます。分布が左右非対称である場合，データの平均値が直観とは異なる値をとることもあるので注意が必要です。

3. **中心位置はどこか**：データの中心位置を知ることは，統計解析における基本事項であり，ヒストグラムからおおよその中心を把握することができます。

4. **ばらつきはどの程度か**：データの中心と同時に，データのばらつきの程度を調べることは，もっとも基本的な事項の 1 つです。後述のばらつきを測る尺度と結び付けて，理解するとよいでしょう。

5. **外れ値が存在するか**：外れ値とは，ほかの大多数のデータとかけ離れた値を持つ観測値のことをいいます（図 3.5）。外れ値が存在する場合には，その原因を探求してみる必要があります。外れ値が発生する原因はさまざまで，データの転記ミスといった場合もあれば，何かしらの重大な異常が隠されている場合もあります。外れ値が生じた原因を探ることで，重要な発見につながる可能性があります。

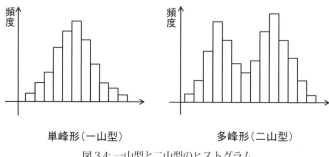

単峰形（一山型）　　　　　多峰形（二山型）

図 3.4: 一山型と二山型のヒストグラム

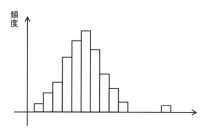

図 3.5: 外れ値を含むデータに対するヒストグラム

3-3 データの中心を表す統計量

　データからなんらかの計算により得られた値のことを**統計量**と呼びます。統計量にはさまざまな種類があり，データの持つ統計的性質を定量的に測る基準となります。ここでは，統計量のなかでも，連続データの中心位置を表す統計量について解説します。

● 3-3-1 平均値

　代表値のなかで，もっともよく用いられるのが**平均値**です。n 個の観測値 $x_1, x_2, \cdots, x_n$ が与えられたとすると，**算術平均** $\bar{x}$ は次の式で計算されます。

$$\bar{x} = \frac{1}{n}(x_1 + x_2 + \cdots + x_n) = \frac{1}{n}\sum_{i=1}^{n} x_i$$

　この算術平均は，**相加平均**とも呼ばれ，日常的にもよく用いられる平均値です。ほかの種類の平均値と区別するときには算術平均と呼ばれますが，単に**平均値**や**平均**と呼んだ場合には，この算術平均を指していることがほとんどです。また，統計解析において標本平均といった場合も，この算術平均を指すと考えて差しつかえありません。本書においても，単に平

均値という場合には算術平均を意味するものとします。

●3-3-2 中央値

　平均値は，外れ値が存在したり，分布が片方に歪んでいると，その影響を強く受けることが知られています。このような外れ値や分布の歪みに影響を受けにくい統計量として，**中央値（メジアン）**があります。中央値は，データを大きさの順に並べたとき，ちょうど真ん中にくる観測値で定義され，データが偶数個の場合は中央にくる2つの観測値の平均を中央値とします。たとえば，以下の10個のデータが与えられた場合，中央値は $(5 + 6)/2 = 5.5$ となります。

　1 2 2 3 5 6 8 9 9 50

　一方，これらのデータの平均値を計算すると，9.5になり，50以外のすべてのデータは平均値よりも小さいデータであることになります。これは平均値が外れ値の影響を受けやすいことを示しています。これに対して，中央値は，上の例の50が1000になっても変わらず5.5となります。

●3-3-3 最頻値

　度数分布のなかでもっとも度数の大きい階級の階級値を**最頻値（モード）**といいます。たとえば，表3.1のデータであれば，最頻値は165.0cmということになります。

　離散データの分布であれば，もっとも頻度の高い値を特定できますが，連続データの場合には同じ観測値が観測されないことが多いため，通常は上記のように階級値を使うしかありません。そのため，この場合の最頻値は，度数分布表の階級の作り方により変わることを認識しておく必要があります。また，最頻値も外れ値の影響を受けにくい統計量であると言えるでしょう。

●3-3-4 平均値・中央値・最頻値の関係

　ヒストグラムを描いたときに，左右対称の単峰形分布であれば，平均値，中央値，最頻値はほとんど値が変わりません。一方，分布が歪んでいる場合には，図3.6のようになります。このグラフのように，ヒストグラムが左に偏った形状の場合，代表値の値は，最頻値＜中央値＜平均値の順番になります。逆に右に偏った形状の場合は，最頻値＞中央値＞平均値となり，平均値よりも中央値や最頻値の方がデータの中心を表すのに適していると考えることもできます。

　たとえば，日本の社会人全体の収入の程度を把握するために，平均年収を用いるのが妥当かどうか，という議論はよくあります。年収5,000万円以上という高額所得者がいる一方，マイナスの所得者はいませんから，左右非対称の分布になります。平均年収は，大多数の人

の年収より高めに出るので，中央値や最頻値を合わせて見るべきと言えます。

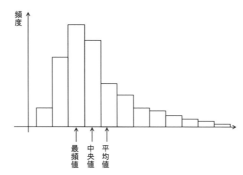

図 3.6: 分布が左右非対称の場合の平均値・中央値・最頻値の関係

 ## データのばらつきを表す統計量

データのばらつきの程度を知ることは，統計解析においてとても重要です。たとえば，ある製造ラインで生産される製品重量を測定したとき，ばらつきが小さければ，安定した管理状態で生産されていると判断できますが，ばらつきが大きければ，製品によって重量がまちまちであるので好ましい状態ではないということになります。ここでは，このようなデータのばらつきの程度を測るための統計量について説明します。

● 3-4-1 範囲

3-2-1 で述べた度数分布表の作成の Step1 にある**範囲**は，もっとも単純なばらつきを表す統計量です。範囲 R は，データの最大値 x_{max} と最小値 x_{min} を用いて，

$$R = x_{max} - x_{min}$$

で定義され，データが存在する区間の大きさを表します。範囲は，統計学の専門用語なのですが，データの存在する区間とよく混同されるので注意しましょう。

たとえば，以下の 10 個のデータが与えられた場合，範囲は $10 - 1 = 9$ となります。

   1　2　2　3　5　6　8　9　9　10

一般的な文章としては「データの範囲は，1 〜 10 である」といっても意味は通じますが，統計学での範囲はこの意味ではなく，区間の大きさを指します。

● 3-4-2 四分位範囲

範囲は外れ値の影響を強く受けます。そこで，外れ値の影響を考慮した統計量として，**四分位範囲**がよく用いられます。データを大きさの順に並べたとき，それらを4等分する3つの点の値を**四分位数**といい，小さいほうから順に第1四分位数，第2四分位数，第3四分位数と呼びます。

第2四分位数は中央値と等しく，第1四分位数は，その値よりも小さいデータの割合が1/4以下で，その値よりも大きいデータの割合が3/4になるような値を指します。このとき，四分位範囲は，

$$四分位範囲 ＝ 第3四分位数 － 第1四分位数$$

で定義されます。四分位範囲は，第1四分位数より小さい値や第3四分位数より大きい値を除外するため，外れ値の影響を受けにくいという特徴があります。

● 3-4-3 平均偏差

分布の中心位置を表す統計量として平均値 $\bar{x}$ を考えるとき，各々のデータのばらつきを把握するためには，この平均値からのずれを考えるとよいでしょう。i 番目の観測値 x_i と平均値 $\bar{x}$ との差 $(x_i - \bar{x})$ を**偏差**と呼びます。

この偏差が n 個のデータ全体で平均的にどれくらいの大きさになるかわかれば，データすべての情報を用いて，ばらつきの大きさを測ることができます。しかし，偏差はデータについてすべて足し込むと

$$\sum_{i=1}^{n}(x_i - \bar{x}) = 0$$

となるため，単純に偏差の平均を求めても常に0となってしまい，意味がありません。そこで，偏差の絶対値 $|x_i - \bar{x}|$ を求め，そこからこの平均を求める方法を考えてみましょう。

$$d = \frac{1}{n}\sum_{i=1}^{n}|x_i - \bar{x}|$$

この統計量を**平均偏差**と呼びます。

しかし，平均偏差は絶対値の計算が煩雑であることに加え，次に述べる分散や標準偏差を用いるメリットのほうが大きいため，現在ではあまり用いられていません。

● 3-4-4 分散と標準偏差

偏差の二乗を計算し，その平均を求めた統計量

$$s^2 = \frac{1}{n} \sum_{i=1}^{n} (x_i - \bar{x})^2$$

は**標本分散**，または単に**分散**と呼ばれます。分散は統計学でもっともよく用いられる，ばらつきを表す統計量であり，分散の値が各種統計解析手法における本質的な役割を果たします。

また，n で割るかわりに，$n-1$ で割った値

$$s^2 = \frac{1}{n-1} \sum_{i=1}^{n} (x_i - \bar{x})^2$$

は**不偏分散**と呼ばれ，比較的少数のサンプルに対しては，こちらが用いられることもよくあります。なぜ n ではなく $n-1$ で割るかを理解するためには，統計的推定の概念が必要となりますが，利用目的の観点から言えば，母集団の真の分散（**母分散**）を推定したいときに使われるのが不偏分散です。

統計学において，単に分散という場合，標本分散，不偏分散の両方が考えられるため，どちらを指しているのか注意が必要です。ただし，データ数 n が比較的大きい場合には，両者の差は微小なものとなるので，大規模なデータの分析においてはあまり気にする必要はないとも言えます。

分散は平均的な偏差の大小を表すことができますが，分散の単位は元のデータの測定単位の二乗の値になります。たとえば，身長のデータで統計量を計算すると，平均が 170.0（cm）で，分散が 225.0（cm²）などと計算されますが，この分散の値が平均と比較して大きいのか小さいのかを直感的に理解するのは難しいかもしれません。そこで，分散の平方根をとった**標準偏差**

$$s = \sqrt{s^2} = \sqrt{\frac{1}{n} \sum_{i=1}^{n} (x_i - \bar{x})^2}$$

が，ばらつきの尺度として用いられることがよくあります。標準偏差も標本分散をもとにした標準偏差と，不偏分散をもとにした標準偏差の両方が用いられるので注意が必要です。

● 3-4-5 変動係数

ここで，平均値と標準偏差が異なる2種類のデータのばらつきを比較することを考えて

みましょう。このとき，ばらつきの大きさは，データの平均値の大きさとの相対的な関係によって判断されるべきです。たとえば，平均値が 10 (cm) に対して標準偏差が 1 (cm) である場合よりも，平均値が 100 (cm) に対して標準偏差が 1 (cm) である場合のほうが，相対的なばらつきは小さいと考えるのが自然です。このように平均値の異なるデータのばらつきを比較する場合には，標準偏差の平均値に対する相対的な比である**変動係数**

$$CV = \frac{s}{\bar{x}}$$

を，相対的なばらつきの指標として用いることができます。

3-5 データの歪みや尖りを表す統計量

　統計解析では，データに正規分布を仮定して分析を進めることも多くあります。そのような仮定のもとで分析を進めてよいかどうかを判断するためには，データの分布の歪みや尖りの程度を把握しておく必要があります。ここでは，分布の歪みや尖りの程度を表す統計量である**歪度**と**尖度**について説明します。

●3-5-1 歪度

　歪度は，分布が左右対称であるかどうかを表す統計量で，以下で定義されます。

$$Sk = \frac{1}{n} \frac{\sum_{i=1}^{n}(x_i - \bar{x})^3}{s^3}$$

$Sk = 0$ の場合，データは左右対称に分布していることを意味します。一方，$Sk > 0$ の場合は左に偏った分布，$Sk < 0$ の場合は右に偏った分布となっています。

●3-5-2 尖度

　尖度は，分布の先が尖っているか偏平かを表す統計量で，以下で定義されます。

$$Ku = \frac{1}{n} \frac{\sum_{i=1}^{n}(x_i - \bar{x})^4}{s^4}$$

Ku が大きいほど尖った形の分布であり，Ku が小さいほど偏平な形の分布となっています。また，正規分布に近いとき，Ku は 3 に近い値をとります。

3-6 データの標準化と偏差値

　統計データは，扱う対象によって平均やばらつきが大きく変わります。たとえば，男性の身長の 170cm は標準的な値であると判断できますが，体重の 170kg は平均よりもかなり重いと判断できるでしょう。同じ数値であっても，分布全体の平均とばらつきを考慮して，その値の大小の判断がくだされることが多くあります。このように，個々のデータが分布全体でどのような位置にあるかをわかりやすく，数値で示すための方法がデータの標準化です。

　ここでは，学力試験で慣習的に使われることの多い偏差値と合わせて説明します。

　n 個のデータ $x_1, x_2, \cdots, x_n$ に対し，定数 a, b を用いて

$$z_i = ax_i + b$$

という 1 次変換を施した新しいデータ $z_1, z_2, \cdots, z_n$ を考えます。$x_1, x_2, \cdots, x_n$ の平均を $\bar{x}$，標準偏差を s_x とし，$z_1, z_2, \cdots, z_n$ の平均を $\bar{z}$，標準偏差を s_z とすると，次の関係

$$\bar{z} = a\bar{x} + b$$
$$s_z = |a|s_x$$
$$s_z^2 = a^2 s_x^2$$

が成り立ちます（実際に，$z_i = ax_i + b$ から，$\bar{z}$ と s_z を計算してみましょう）。したがって，

$$a = \frac{1}{s_x}, \quad b = -\frac{\bar{x}}{s_x}$$

と置くことにより得られる

$$z_i = \frac{x_i - \bar{x}}{s_x}$$

という変換を行うと，

$$\bar{z} = \frac{1}{s_x}\bar{x} - \frac{\bar{x}}{s_x} = 0$$

$$s_z = \frac{1}{s_x}s_x = 1$$

となり，変換後のデータ $z_1, z_2, \cdots, z_n$ は平均 0，標準偏差 1 となります。このような変換は

標準化，または**基準化**と呼ばれ，統計分析においては，とても重要な操作となっています。また，変換された z_i は**標準得点**，または **Z 値**と呼ばれます。

標準化をすることで，平均，標準偏差の異なる 2 種類のデータにおける観測値を比較できます。たとえば，ある試験において，数学の平均点は 70 点，標準偏差は 20 点であったとします。一方，物理の平均点は 40 点で，標準偏差は 10 点であったとします。もし，A 君が数学で 80 点，物理で 60 点をとったとき，単純に A 君は数学が得意であると言えるでしょうか。このとき，標準得点を計算すると，数学は $(80 - 70)/20 = 0.5$，物理は $(60 - 40)/10 = 2.0$ と，物理のほうが得点が高いことがわかります。これは，数学で 80 点をとるよりも，物理で 60 点をとるほうがはるかに難しいことを意味しています。

また，標準得点をさらに，

$$T_i = 10z_i + 50$$

と変換した値を**偏差値**と呼びます。偏差値は標準得点をさらに，平均 50，標準偏差 10 になるように変換した値であり，高校や大学受験などにおいて活用されています。

3-7 時系列データの分析

時間の経過とともに観測されるデータを**時系列データ**といいます。本節では，このような時系列データの分析の基本について説明します。

● 3-7-1 時系列データと移動平均

時系列データは，時間の推移とともにデータが並んでいるため，この時間軸を考慮した分析が必要となります。時間の単位には，年，四半期，月，週，日，時間，分，秒などがあります。

一般に，数年から数十年といった比較的長期の時系列データの場合，この時間推移は，次のような変動が重なり合っていると仮定できます。

1. 比較的長期にわたる**傾向変動**
2. 1 年を周期とした**季節変動**
3. ある一定期間を周期とする**循環変動**
4. 偶発的な事象である**不規則変動**

このうち，季節変動は，たとえば製品の売上高の時系列データにおいて「夏に飲料商品が

売れる」「冬に暖房器具が売れる」というように，季節によって売上が伸びる時期と売上が下がる時期が特定されるような変動を表した事象です。もし，時系列データが日次である場合には，季節変動の代わりに曜日効果が時系列データに加わると考えられます。

　時系列データの分析では，これらの重ね合わせであると考えられる時系列データから，季節変動と不規則変動を除去し，現在の傾向変動（**トレンド**）を把握することが重要です。そのための方法として，**移動平均法**がよく用いられます。

　たとえば，

$$x_1, x_2, \cdots, x_t, x_{t+1}, \cdots$$

が日次の時系列データであるとき（x_t は第 t 日のデータ），時点 t における移動平均を

$$\tilde{x}_t = \frac{1}{7}\big\{x_{t-3} + x_{t-2} + x_{t-1} + x_t + x_{t+1} + x_{t+2} + x_{t+3}\big\}$$

と定義することで，この平均値にはすべての曜日のデータが1回ずつ含まれます。このため，この移動平均では曜日効果が相殺され，移動平均の時間推移を見ることにより，傾向変動（トレンド）をつかむことが可能となります。このような移動平均は，たとえば株価の時系列変動の傾向を検討する際に活用されています。

　もし，データが日次ではなく，四半期ごとのデータである場合には，春夏秋冬の四季のデータが均等に考慮されるようにするため，

$$\tilde{x}_t = \frac{1}{4}\left\{\frac{1}{2}x_{t-2} + x_{t-1} + x_t + x_{t+1} + \frac{1}{2}x_{t+2}\right\}$$

のように定義する必要があることに注意しましょう。

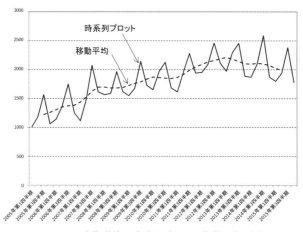

図 3.7: 四半期単位の時系列データと移動平均の例

● 3-7-2 比率の推移と幾何平均

2016年から2020年までの，ある商店Aの売上高のデータと前年度比が次のように与えられているとします。このとき，商店Aの売上の伸び率の平均はいくつになるでしょうか。

表3.2: 商店Aの売上前年度比（比率）

年度	16	17	18	19	20
売上（百万円）	1000	1100	1200	1800	1850
売上前年度比	−	1.10	1.09	1.50	1.03

売上前年度比の平均を単純に算術平均を用いて計算すると，

$$(1.10 + 1.09 + 1.50 + 1.03)/4 = 1.18$$

となります。しかし，毎年の売上前年度比が1.18である場合の4年後の売上を計算してみると，

$$1000 \times 1.18 \times 1.18 \times 1.18 \times 1.18 = 1938.78$$

となり，実際の売上 (1,850百万円) の値と異なります。このことは，売上前年度比の平均として算術平均を用いると，実際の挙動を再現できない比率となってしまうことを示しています。逆に言えば，2016年から2020年まで毎年同じ比率で売上が増えた場合，

$$1000 \times \alpha \times \alpha \times \alpha \times \alpha = 1850$$

となるような α が，この場合の平均的な売上前年度比であると考えられます。これを変形して α を求めることにより，

$$\alpha = \sqrt[4]{\frac{1850}{1000}}$$
$$= \sqrt[4]{\frac{1850}{1800} \times \frac{1800}{1200} \times \frac{1200}{1100} \times \frac{1100}{1000}}$$
$$= \sqrt[4]{1.03 \times 1.50 \times 1.09 \times 1.10}$$

という式が得られます。すなわち，4つの売上前年度比を掛けて，四乗根をとることにより，この場合の平均的な比率が求められます。このような平均値は**幾何平均**，または**相乗平均**と呼ばれます。一般的に n 個のデータ $x_1, x_2, \cdots, x_n$ に対する幾何平均は，次式で与えられます。

$$Gm = \sqrt[n]{x_1 \times x_2 \times \cdots \times x_n}$$

例の売上前年度比の平均を幾何平均で求めると，$Gm \approx 1.166$ となります。毎年この値で売上が増えた場合，2020 年の売上は，$1000 \times (1.166)^4 \approx 1848.4$ となり，おおよそ近い値を得ることができます。

　1 変量データをグラフや表にまとめることは，データの分布や傾向を見るための基本となります。たとえば，アンケート回答者の職業別や男女別の人数を棒グラフで表すことで，アンケート回答者の属性に偏りがないかどうかを確認することはよく行われます。ときどき，職業に "製造業"，"飲食業"，"教員"，…などと複数の選択肢がある場合，「変数が複数あるという認識になるのではないか」という質問を受けることがあります。一般にこのような例では，「職業」という 1 つの質的変数の取り得る値（「製造業」，「飲食業」など）が複数あると見なします。ただし，回帰分析などの多変量解析にかける際には，複数の**ダミー変数**を使って質的変数を表すという操作が行われます。この場合には，便宜的に「製造業」や「飲食業」などを表わす個々のダミー変数が作られて，統計モデルの構築に用いられることになります。

　一方，ビジネスデータ分析では，たくさんの属性変数（名義尺度）に対するデータが得られることが多くなりました。たとえば，顧客に関するデータであっても，性別や年齢，居住地など，複数の属性データが得られることが多いでしょう。近年では，観測できる変数の種類は増える一方です。

　では，このような場合には，1 変量データの分析は不要なのでしょうか？そんなことはありません。一般に，後半の章で出てくる重回帰分析などでは，それぞれの変数の分布にある種の仮定をおいていることがしばしばあります。1 変量データの分布や統計量をきちんと確認する習慣を付けないと，その仮定が妥当といえない場合においても，重回帰分析をそのまま適用してしまって，おかしな結果に気が付かないといったことも起こり得るのです。変数変換を行ったり，外れ値を除去して分析し直すといった操作が必要になる場合もありますが，そのようなデータの加工を判断するためにも，1 変量データの分析は基本になります。

　なお，棒グラフとヒストグラムを混同している人を時々見かけますので，これらの違いを明確に理解しておきましょう。

章末問題

1. 計量値データと計数値データの取り扱いについて，次のなかからもっとも正しい説明を選んでください。
   (1) 計数値データを可視化するもっとも基本的な方法は棒グラフである
   (2) 計量値データの平均は意味を持つが，計数値データの平均は意味を持たない
   (3) 計数値データは，しばしば散布図で分析される
   (4) 計量値データは，しばしば分割表で分析される

2. ある大学の学生について，毎日の勉強時間を調べるため，a)1 時間未満，b)1 時間以上2 時間未満，c)2 時間以上 3 時間未満，d)3 時間以上 4 時間未満，e)4 時間以上のうち，あてはまるものを答えてもらうアンケートを 300 人に実施しました。そのデータの基礎分析として，次のなかから誤っている説明を選んでください。
   (1) 各々のカテゴリに含まれる学生の人数をカウントし，棒グラフを作成した
   (2) 各々のカテゴリに含まれる学生の人数の平均値を求めた
   (3) 各々のカテゴリに含まれる学生の人数を 300 で割り，相対頻度を求めた
   (4) d)3 時間以上 4 時間未満と e)4 時間以上の人数が少なかったので，これらをまとめて d')3 時間以上という新たなカテゴリにして棒グラフを書き直した

3. ある大学の学生の就職希望先の業種について，希望する業種を 1 つ自由記述で書いてもらうアンケートを 300 人に実施しました。そのデータの基礎分析として，次のなかから誤っている操作を選んでください。
   (1) 最初に 100 人の学生が記述している業種の種類をすべて列挙し，「SE」と「システムエンジニア」のように同じ業種を意味するものをひとまとめにした
   (2) 各業種を希望する学生の人数をカウントし，全学生数 300 で割り，各カテゴリの割合を求めた
   (3) 割合で業種を並べ替え，割合の大きいものから順に降順に並ぶよう，棒グラフを作成した
   (4) 上記の棒グラフの作成において，学生数の少ない業種が増えすぎたので，これらを「その他」として 1 つにまとめ，その合計人数の割合の順番の場所に「その他」の棒を挿入した

4. 量的データのまとめ方について，次のなかから誤っている説明を選んでください。
   (1) 量的データの分布形状を可視化するには，ヒストグラムが有用である
   (2) 量的データの平均値と最頻値，中央値は，分布の中心を表す統計量なので，いつも

ほぼ同じ程度の値をとる

　(3) 量的データの分布を分析する際も，質的データで層別して比較することは有効である。

　(4) 外れ値がないかどうかを確認すべきである

5. n 個のデータ $x_1, x_2, \cdots, x_n$ の範囲について，次のなかから正しい説明を選んでください。

　(1) n 個のデータのすべてが，a 以上，b 以下を満たすとき，区間 $[a, b]$ をこのデータの範囲という

　(2) n 個のデータのすべてが，a 以上，b 未満を満たすとき，区間 $[a, b)$ をこのデータの範囲という

　(3) n 個のデータの最大値を x_{max}，最小値を x_{min} としたとき，$x_{max} - x_{min}$ の値を範囲という

　(4) n 個のデータの最大値を x_{max}，最小値を x_{min} としたとき，区間 $[x_{min}, x_{max}]$ を範囲という

6. ヒストグラムの作成手順について，次のなかから誤っている説明を選んでください。

　(1) 標本の範囲と標本数に応じて，ヒストグラムの階級の数と幅を適切に決める必要がある

　(2) ヒストグラムを描くために，度数分布表を活用することができる

　(3) データ数が多いほど，階級幅も大きくしたほうがよい

　(4) ヒストグラムは，質的変数によって層別して描くことで多くの情報が得られる

7. 量的データの分析について，次のなかから誤っている説明を選んでください。

　(1) 平均値は，分布の中心位置を表す統計量である

　(2) モードは，分布の中心位置を表す統計量である

　(3) メジアンは，分布の中心位置を表す統計量である

　(4) 標準偏差は，分布の中心位置を表す統計量である

8. 標本データとして，次の 6 個のデータが与えられたとします。

　　1.0　2.0　2.0　4.0　2.0　2.0

これらのデータの幾何平均にもっとも近い値を次のなかから選んでください。

　(1) 2.00

　(2) 2.17

　(3) 2.50

　(4) 3.00

9. 標本データとして，次の 5 個のデータが与えられたとします。

    1.0   2.0   3.0   4.0   5.0

これらのデータの不偏分散にもっとも近い値を次のなかから選んでください。

  (1) 2.00

  (2) 2.50

  (3) 3.00

  (4) 3.50

10. 四分位範囲の計算式として，正しいものを次のなかから選んでください。

  (1) 四分位範囲＝第 4 四分位 － 第 1 四分位

  (2) 四分位範囲＝第 4 四分位 － 第 2 四分位

  (3) 四分位範囲＝第 3 四分位 － 第 1 四分位

  (4) 四分位範囲＝第 3 四分位 － 第 2 四分位

2変量データの
まとめ方

本章では，2変量のデータの関係性について可視化する方法を解説します。2つの変数間の関連性を調べたいという状況はとても多くあります。たとえば，配布したチラシ広告の効果を調べるために，「来店客がチラシを閲覧しているかどうかと特定の商品を購入したかどうかの関係」や「チラシ広告の配布枚数と店舗売上高の関係」といったデータ間の関係を分析することは有効でしょう。本章では，質的データと量的データそれぞれについて，2変量データのまとめ方を学びます。

 ## 4-1 2変量質的データのまとめ方

本節では，1つの観測対象に対して2つの質的変数が得られている状況で，これら2つの変数間の関係性について検討する方法を取り上げます。「学歴と職業」，「喫煙習慣と肺疾患」，「職業と支持政党」のように質的データ間の関連性を分析することが目的です。

● 4-1-1 分割表データ

例として，ランダムに選んだ200人の男子学生に対し，「パチンコをするか，しないか」と「麻雀をするか，しないか」の2つの質問をしたとき，表4.1のような200人のデータが与えられたものとします。

表 4.1: 元データ　パチンコと麻雀に関する回答

データ番号	1	2	3	4	…	200
パチンコ	する	しない	する	する	…	しない
麻雀	する	しない	しない	する	…	する

このデータを集計し，表4.2のように表形式でまとめたものを**分割表**，または**クロス表**といいます。

表 4.2: パチンコと麻雀（2 × 2 分割表）

	麻雀をする	麻雀はしない	合計
パチンコをする	45	25	70
パチンコはしない	35	95	130
計	80	120	200

特に，表 4.2 のように両方の質的変数が「する」，「しない」のような二値であるとき，2 × 2 分割表といいます。分割表の一般形は，水準 l の質的変数と水準 m の質的変数の観測データをまとめた，表 4.3 のような $l \times m$ 分割表です。

表 4.3: $l \times m$ 分割表

		質的変数 2			
		水準 1	水準 2	$\cdots$	水準 m
質的変数 1	水準 1	x_{11}	x_{12}	$\cdots$	x_{1m}
	水準 2	x_{21}	x_{22}	$\cdots$	x_{2m}
	$\cdots$	$\cdots$	$\cdots$	$\cdots$	$\cdots$
	水準 l	x_{l1}	x_{l2}	$\cdots$	x_{lm}

● 4-1-2 独立な状況の計算

2 つの質的変数に統計的な関係性がない場合，両者は統計的に独立であるといいます。このような 2 変量質的データの分析の主たる目的は，2 つの質的変数に統計的関係性があるかどうかを調べることにあります。一般に，統計学は背理法の手順がとられることが多く，2 つの質的変数の統計的関係性があることを証明するためには次のような手順となります。

1. 2 つの質的変数に統計的関係性がないこと（独立）を仮定して，データがあるべき姿を計算する。

2. その独立な場合に計算されるデータと比較して，実際に観測されたデータが大きく異なっていれば，独立を仮定したことに無理があったと判断する。すなわち，両者は独立ではなく，統計的関係性があると判断する。

表 4.2 の分割表から，麻雀とパチンコの経験に関連性があるかどうか，すなわち「麻雀をする学生は，パチンコもする傾向があるかどうか」という問いについて考えてみます。このとき手がかりとなるのは，もし関連性がなかった場合に，どのような分布になるかを再現したものです。表 4.4 のように合計（**周辺和**といいます）のみを残した表から始めましょう。

表 4.4: パチンコと麻雀（2 × 2 分割表）

	麻雀をする	麻雀はしない	合計
パチンコをする			70
パチンコはしない			130
計	80	120	200

　もし，「パチンコをする／しない」とは無関係に，麻雀をする割合が 80/200，しない割合が 120/200 で同じである場合には，表 4.5 のような出現回数になるはずです。

表 4.5: パチンコと麻雀（2 × 2 分割表）

	麻雀をする	麻雀はしない	合計
パチンコをする	$70 \times 80/200 = 28$	$70 \times 120/200 = 42$	70
パチンコはしない	$130 \times 80/200 = 52$	$130 \times 120/200 = 78$	130
計	80	120	200

　これが，パチンコの経験と麻雀の経験の関係性が独立である場合のパターンを表していることは，縦方向の相対頻度をとっても同じになることからもわかります（表 4.6）。

表 4.6: パチンコと麻雀（2 × 2 分割表）

	麻雀をする	麻雀はしない	合計
パチンコをする	$28/80 = 0.35$	$42/120 = 0.35$	$70/200 = 0.35$
パチンコはしない	$52/80 = 0.65$	$78/120 = 0.65$	$130/200 = 0.65$
計	$80/80 = 1$	$120/120 = 1$	$200/200 = 1$

　これは，「麻雀をする / しない」にかかわらず，「パチンコをする / しない」の割合が変わらない状況を表しています。上記から，「麻雀をする / しない」と「パチンコをする / しない」の両者が無関係で独立の場合，データの分布は表 4.7 のようになることがわかります。

表 4.7: パチンコと麻雀（2 × 2 分割表）

	麻雀をする	麻雀はしない	合計
パチンコをする	28	42	70
パチンコはしない	52	78	130
計	80	120	200

　この独立な場合を想定した表 4.7 と実際に観測されたデータをまとめた表 4.2 の分割表を比べてみましょう。表 4.8 は，実際に得られた観測値の横に括弧 ( ) で，独立を仮定した場合の数字を加えたものです。「パチンコと麻雀を両方する人数」と「パチンコも麻雀もしな

い人数」は，独立の場合の数字より 17 人も多いことがわかります。

表 4.8: パチンコと麻雀（独立の場合）

	麻雀をする	麻雀はしない	合計
パチンコをする	45 (28)	25 (42)	70
パチンコはしない	35 (52)	95 (78)	130
計	80	120	200

●4-1-3 関連性の尺度

2 × 2 分割表における 2 つの変数の関連性を測る尺度として，**オッズ比**と呼ばれる尺度が知られています。表 4.9 の 2 × 2 分割表に対し，オッズ比 ψ は，

$$\psi = \frac{x_{11}/x_{12}}{x_{21}/x_{22}}$$

で定義されます。2 変数が独立のときは，分子と分母の比率が同じとなって，$\psi = 1$ となることがわかります。

表 4.9: 2 × 2 分割表

	A_1	A_2
B_1	x_{11}	x_{12}
B_2	x_{21}	x_{22}

先の表 4.2 の例に対して，オッズ比を計算すると

$$\psi = \frac{45/25}{35/95} = 4.89$$

となり，1 よりもかなり大きいことがわかります。この数字より，両変数には関係性があるとみなすことができます。

4-2 2変量量的データのまとめ方

この節では，1つの観測対象に対して2つの量的変数が得られるとき，これら2つの変数間の関係性について検討する方法について説明します。量的変数間の関係性を検討する場面は比較的多いものです。

「身長と体重」，「数学の点数と物理の点数」，「添加薬品の量と強度」など，量的な2変数の関係性を分析することが目的です。

● 4-2-1 散布図

ここでは，各々の学生について，英語と数学の得点データが得られているものとします。元データは，表4.10となります。

表4.10: 元データ　英語と数学の得点

データ番号	1	2	3	4	5	6	⋯	200
英語 (x_1)	45	89	35	47	32	96	⋯	77
数学 (x_2)	55	95	60	53	28	91	⋯	86

このデータを，横軸に第1変数 x_1 の値，縦軸に第2変数 x_2 の値をとって，二次元平面上に各データを打点した図を**散布図**といいます。散布図は，二次元平面上でデータの分布を視覚的にとらえることができ，両変数間に関係性があるかどうかを直感的に理解できるという意味で，大変有用なツールです。外れ値の存在も把握できるため，2変数以上のデータを扱う分析では，まず散布図でデータの分布を確認するとよいでしょう。

図4.1は，一方の変数の値が大きくなると，もう一方の変数の値も大きくなる傾向があることを示しています。このような関係を，**正の相関**といいます。一方の変数の値が大きくなると，もう一方の変数の値が小さくなる傾向がある場合には，**負の相関**と呼ばれます。相関関係とは，一方の変数が大きくなるときに，それに比例して他方の変数も直線的に変化する関係があることをいいます。

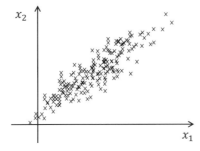

図 4.1: 散布図の例

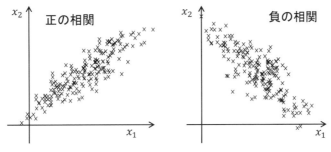

図 4.2: 正の相関と負の相関

● 4-2-2 共分散と相関係数

相関関係の強さを測るための尺度として，**相関係数**がよく知られています。いま，n 組の データを (x_{11}, x_{12}), (x_{21}, x_{22}), ……, (x_{n1}, x_{n2}) とし，両変数の平均値を

$$\bar{x}_1 = \frac{1}{n} \sum_{i=1}^{n} x_{i1}, \quad \bar{x}_2 = \frac{1}{n} \sum_{i=1}^{n} x_{i2}$$

とします。このとき，x_1 と x_2 の相関係数 r は次の式で定義されます。

$$r = \frac{s_{12}}{s_1 s_2}$$

ただし，s_1 と s_2 は，それぞれ x_1 と x_2 の標準偏差

$$s_1 = \sqrt{\frac{\sum_{i=1}^{n} (x_{i1} - \bar{x}_1)^2}{n-1}}$$

$$s_2 = \sqrt{\frac{\sum_{i=1}^{n}(x_{i2} - \bar{x}_2)^2}{n-1}}$$

であり，s_{12} は x_1 と x_2 の**共分散**と呼ばれる統計量で，

$$s_{12} = \frac{\sum_{i=1}^{n}(x_{i1} - \bar{x}_1)(x_{i2} - \bar{x}_2)}{n-1}$$

で与えられます。

　相関係数 r は，x_1 と x_2 の標準偏差で基準化されているため，これらの変数の単位のとり方に無関係な量となります。また，相関係数 r は，

$$-1 \leq r \leq 1$$

を満たすことも知られています[1]。$r=1$ となるのは，右肩上がりの直線上にすべてのデータが乗っている場合であり，このとき 2 変数は完全な比例関係にあります。一方，$r=-1$ となるのは，右肩下がりの直線上にすべてのデータが乗っている場合です。また，相関係数は，その性質上，直線的な比例関係の度合いを定量化する指標であり，図 4.3 のような非線形な関係については，相関係数ではその関係の強さを測ることはできない点に注意すべきです。相関係数の値だけで判断するのではなく，散布図を描いて分布を確認する作業は大変重要です。

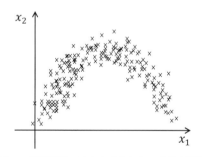

図 4.3: 相関係数ではとらえられない非線形関係

---

[1] ≤ や ≥ は，≦ や ≧ を意味します。

4-3 層別の重要性

　層別とは，なんらかの質的変数の値によってデータ全体を分割し，それぞれのデータ集合に対する分析結果を比較することをいいます。統計分析においてもっとも重要なテクニックの1つです。層別を行うことで，データをまとめて分析していたのとは異なる切り口から新たな発見の可能性もあります。その一方で，層別前の結論とはまったく逆の結論が得られてしまうこともあるのです。

● 4-3-1 質的変数の場合

　次の分割表 4.11 の例を考えてみましょう。これは，A 大学と B 大学において，コンピュータープログラミングをする人を調査した結果です。

表 4.11: 大学とプログラミングの割合

	プログラミングをする	プログラミングはしない	合計
A 大学	1,700	7,300	9,000
B 大学	1,500	6,500	8,000
計	3,200	13,800	17,000

　プログラミングをする学生の割合は，

　　A 大学: 1,700/9,000 = 18.89%
　　B 大学: 1,500/8,000 = 18.75%

と，A 大学のほうが若干ですが高くなっています。この結果，「A 大学のほうが，プログラミングをする学生の割合が（若干ではあるが）高い」と結論付けることは理にかなっているように見えます。しかし，男子学生と女子学生で層別した際，次のような2つの分割表が得られたらどうでしょうか。

表 4.12: 大学とプログラミングの割合（男女で層別）

男性	する	しない	合計
A 大学	1,500	5,500	7,000
B 大学	1,000	3,000	4,000
計	2,500	8,500	11,000

女性	する	しない	合計
A 大学	200	1,800	2,000
B 大学	500	3,500	4,000
計	700	5,300	6,000

このとき，男子学生では，

> A 大学：1,500/7,000 ＝ 21.43%
> B 大学：1,000/4,000 ＝ 25.00%

と，B 大学のほうがプログラミングをする学生の割合が高くなります。一方，女子学生も，

> A 大学：200/2,000 ＝ 10.00%
> B 大学：500/4,000 ＝ 12.50%

と，やはり B 大学のほうがプログラミングをする学生の割合が高くなります。

　すなわち，男女とも B 大学のほうがプログラミング比率は高いにもかかわらず，両方のデータを合計すると，A 大学のほうがプログラミング比率が高くなってしまうことになります。このような逆転現象はなぜ起きるのでしょうか？　それは，男子学生と女子学生の比率が両大学でかなり異なり，かつ男子学生のほうがプログラミングをする割合が高いためです。このような現象は**シンプソンのパラドックス**と呼ばれています。

　このように，層別をしてみるとまったく異なる結論が導かれる可能性があるので，このことに十分注意したうえで分析結果を検討することが必要です。もし，層別に用いることができる質的データが付随しているのであれば，層別して問題がないことを確認したほうが無難でしょう。

● 4-3-2 見せかけの相関

　連続データの場合，2 つの変数を用いて散布図を描くと，両変数の関係が可視化されます。また，相関係数を計算することにより，両変数間の比例関係を定量化できます。ただし，相関係数は 2 次元のデータの 1 つの側面を表しているだけであり，相関係数では見いだせない関係性があることは理解しておくべきです。

　また，相関係数が＋ 1，または－ 1 に近い値であるとき，両変数には非常に高い相関があると言えます。しかし，相関係数が＋ 1 か－ 1 に近い値であっても，必ずしも両変数の間に因果関係があるとは限らない点には注意が必要です。

　たとえば，20 歳以上の男性会社員に対して，「胴囲」と「収入」を調査すると，しばしば図 4.4 のように，正の相関が見られることが知られています。しかし，収入を増やしたいからといって，一生懸命食べて腹回りを太くしたら本当に収入が上がるでしょうか。残念ながら，そこに因果関係はありませんので，収入に影響はないはずです。

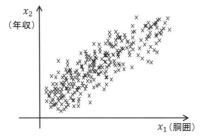

図 4.4: 胴囲と収入の散布図

　これは，「胴囲」と「収入」が，年齢とともに増加傾向があるために生じる**見せかけの相関**で，**疑似相関**とも呼ばれます。実際，図 4.5 のように年齢で層別してみると，各年代別では相関が見られないということになります。このように，分析対象としている 2 つの変数に対して，強い影響を与える第三の潜在変数が存在している場合，これら 2 つの変数間に強い相関関係が表れやすくなります。しかしながら，2 つの変数間になんらかの因果関係があるわけではないため，誤った考察を導く可能性があるので注意が必要です。

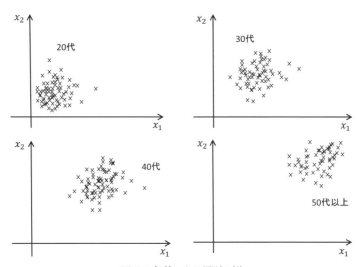

図 4.5: 年齢による層別の例

コラム

　ビジネスデータ分析では，変数同士の関係性が重要であることがほとんどです。これは何らかのビジネス上の施策を立案しようとする際，その成果を表す**アウトカム**をいかに改善することができるかという観点で分析がなされるためです。アウトカムと因果関係のある要因を見つけることができれば，その要因に対して何らかのアクションを取ることで，アウトカムの改善が可能になると期待できます。

　多くの変数間の関係性の分析において，それらの関係性の最小単位は，2 変量データ間の統計的な関係性になります。まずは，2 つの変量データに絞って，これらの関係性について分析することが基本となりますので，しっかりと理解をしておきましょう。

　ところで，学会などの発表の場において「その関係性は"相関関係"であって，"因果関係"であるとは限らない。それが検証されていないので無意味ではないか？」といった質問を時々見かけます。確かに，単に 2 変量データの統計的な関係性から，それらの間の因果関係を保証することはできません。見せかけの相関であることも否定できません。

　しかし，手あたり次第に「それは相関関係であって，因果関係であることが検証されていない」ということで結果を全否定してしまうのも困ったものです。相関関係の発見は，新しい仮説の立案やビジネス上の施策のアイデアを得るための大変貴重な情報となり得るのです。通常は，そのような施策のアイデア出しは，ビジネス上の経験によって皆さんが色々と考えることでも行われますが，日頃，そのような知恵を絞っているビジネスパーソンにとって，考えても搾り出せないような新しい発想やアイデアは貴重なはずです。

　何らかの統計的な相関関係から，新しい施策のアイデアが生まれたら，A/B テストを実施して，その効果が本当にあるか否かを改めて検証してみればよいのです。観測されたデータから発見された相関関係が，再度，ランダムに実施された A/B テストによる実験データでも再現されれば，これは因果関係と見なすことができます。そのような柔らかい発想で，分析結果を活用するスタンスが肝要です。

章末問題

1. **分割表について，次のなかから誤っている説明を選んでください。**
   (1) 分割表とは，2つ以上の質的変数間の関係を記録し分析するための表である
   (2) 分割表では，名義尺度である質的データの分析に威力を発揮することが多い
   (3) 分割表を作成するためには，全サンプルをある基準となるしきい値の値より大きいか，小さいかによってデータを分割する
   (4) 分割表の各行や各列の間で頻度の比率が大きく異なるか，異ならないかを確認することが重要である

2. **次のなかから，分割表にまとめることがもっとも適していると考えられる例を選んでください。**
   (1) ある添加物 A を燃料に加えると燃費が向上するかしないかについて，統計的に調べたい
   (2) 男性と女性で期末試験の得点に差があるかないかを統計的に調べたい
   (3) 喫煙の有無と肺がん発症の関係について統計的に調べたい
   (4) 100m 走のタイムと走り幅跳びの記録の関係性を統計的に調べたい

3. 次のような 2 × 2 分割表が与えられたとします。

	A_1	A_2	合計
B_1	50	10	60
B_2	25	75	100
計	75	85	160

   次のなかから，オッズ比として正しい数字を選んでください。
   (1) 20.0
   (2) 15.0
   (3) 10.0
   (4) 5.0

4. **相関係数について，次のなかから誤っている説明を選んでください。**
   (1) 相関係数は，2つの変数間の統計的な関係性を見るための指標である
   (2) 相関係数は，−1 から 1 までの値をとる
   (3) 相関係数が 0 であることは，それらの変数が統計的に独立であることを意味する
   (4) 相関係数がマイナスのとき，負の相関と呼ばれる

5. 2変数のサンプルから計算される相関係数が− 0.95 であったとします。次のなかから
   もっとも**不適切な説明**を選んでください。
   (1) 一方の変数が大きくなると，他方の変数の値が小さくなる関係があると言える
   (2) 強い負の相関があると言える
   (3) 2つの変数のデータを標準化しても，相関係数の値は不変である
   (4) − 1 に近い値をとっているので，この相関係数の値は信頼性が高い

6. 次のデータの組み合わせうち，見せかけの相関と思われるものを選んでください。
   (1) あるクラスの生徒の数学の点数と理科の点数
   (2) スポーツ選手の身長と体重
   (3) 小学生の身長とお小遣いの金額
   (4) 大学生の通学時間と睡眠時間

確率と確率分布

　本章では，統計学を学ぶために必要な確率と確率分布の基礎について学びます。統計学では，サンプリングによって得られるデータに基づき，母集団について統計的な推測を行いますが，そのための強力な理論を与えてくれるのが確率という概念です。

　定理の説明のため，数多くの数式が導出されています。ただし，これらの式の展開をすべて覚える必要はありません。統計分析の基礎である「確率」について，その概念と意義を理解してください。

 ## 5-1　標本空間と確率

　やや数学的な話になりますが，確率は，対象としているすべての事象に対して定義される曖昧性の尺度です。したがって，対象としている集合や事象という概念を正しく理解したうえでないと，確率論の正確な議論はできません。しかし，本書はビジネス統計が目的ですので，必要最小限の知識に絞って説明します。

● 5-1-1 事象と標本空間

　一定の条件を満たすものの集まりを**集合**といいます。その集合を構成する個々のものを集合の**要素**，または**元**と呼びます。ここでは，集合は英大文字 $A, B, X, Y, \cdots$ のように，その要素は英小文字 $a, b, x, y, \cdots$ のように表現します。要素 a が集合 A に属する場合，$a \in A$ のように記述されます。また，集合 A の要素数を $|A|$ と表記します。

　集合を定義する際は，要素を中括弧 { } で囲んで記述します。a から b までの整数の集合は，$A = \{a, a+1, a+2, \cdots, b\}$，あるいは，$A = \{x \mid x \text{ は } a \leq x \leq b \text{ を満たす整数}\}$ のように記述します。要素を1つも持たない集合は**空集合**と呼ばれ，∅ と表記します。

　たとえば，サイコロを投げて出る目を観測するといったように，確率論で対象とする偶然性に支配される行為を**試行**といいます。一方，サイコロを振るとき，この試行の結果は「1の目が出る」…「6の目が出る」の6通りであり，このように1回の試行でどれかが起こり，かつ2つ以上が同時に起こることがない個々の結果を**根元事象**，または**基本事象**といいます。

いま，確率という尺度を定義するうえで対象としているのは，この根元事象の全体集合です。この集合を**標本空間**といい，Ωで表します。サイコロの例において，「jの目が出る」という根元事象をe_jと表すと，標本空間は

$$\Omega = \{e_1, e_2, e_3, e_4, e_5, e_6\}$$

となります。ここではサイコロの例を用いたので，標本空間Ωは要素数が有限の**有限集合**ですが，一般的には

$$\Omega = \{e_1, e_2, e_3, e_4, \cdots\}$$

のように無限の要素を持つ**可算無限集合**であったり，そもそも要素数を数えることすらできないほどの無限の要素を持つ**不可算無限集合**であったりします[1]。

　試行によって得られる結果は，**事象**と呼ばれ，標本空間の集合で与えられます。たとえば，サイコロを振る試行において，「偶数が出る」という事象Aや「5以上が出る」という事象Bは，

$$A = \{e_2, e_4, e_6\}, \quad B = \{e_5, e_6\}$$

と与えられます。標本空間Ωに対応する事象を**全事象**，空集合$\emptyset$に対応する事象を**空事象**といいます。また，全事象Ωに属し，事象Aに属さない根元事象からなる集合を**余事象**といい，$\bar{A}$で表します。

　いま，標本空間Ωの部分集合である2つの事象A,Bに対して，**和事象**を

$$A \cup B = \{x | x \in A \text{ または } x \in B\}$$

で，**積事象**を

$$A \cap B = \{x | x \in A \text{ かつ } x \in B\}$$

と定義します。明らかに，$A \cup \bar{A} = \Omega$，$A \cap \bar{A} = \emptyset$が成り立ちます。また，2つの事象$A,B$が同時には起こり得ないとき，すなわち，

---

[1] たとえば，有理数は無限個存在しますが，1つずつに番号を付けて数えることができます。一方，無理数の集合は，要素に番号を付けて数えられないほどサイズが大きいものです。数学的に厳密な議論は省略しますが，可算無限集合は，砂漠の砂のように1粒1粒数えられても，その数が膨大で無限にあるようなものをイメージすればよいでしょう。一方，不可算無限集合は，水のようなイメージです。連続につながっていて，ある点の隣という概念がありません。

$$A \cap B = \emptyset$$

であるとき，A と B は互いに**排反**（**排反事象**）であるといいます。

● 5-1-2 確率の定義

確率という概念は，どの事象が起こるかがわからないような状況において，それぞれの事象の起こりやすさを定量的に評価し，さまざまな応用に活用するために導入された尺度です。

対象とする標本空間 Ω の部分集合 (事象) $A_i(i = 1,2,\cdots)$ に対し，測度 $P(A_i)$ が，次の 3 つの公理を満たすとき，この $P(A_i)$ を事象 A_i の起こる確率と定義します。

--- **確率の公理** ---

1. （公理 1）確率の値は常に非負である。すなわち，すべての事象 A_i に対して以下が成立する。

$$P(A_i) \geq 0$$

2. （公理 2）全事象 Ω の確率は 1 である。

$$P(\Omega) = 1$$

3. （公理 3）事象 $A_1, A_2, \cdots$ が互いに排反事象であるとき，$A_1, A_2, \cdots$ のいずれかが起こる確率は，それぞれの事象が起こる確率の和に等しい。すなわち，$A_1, A_2, \cdots$ のいずれかが起こることを $A_1 \cup A_2 \cup \cdots$ と表記すると，以下の式が成立する。これを，排反事象の加法定理という。

$$P(A_1 \cup A_2 \cup \cdots) = \sum_{i=1}^{\infty} P(A_i)$$

このように，確率という測度が満たすべき公理を定めたうえで議論を行うアプローチは，**公理論的確率**，または**測度論的確率**と呼ばれています。対象とする標本空間 Ω 上の確率が満たすべき条件は，この 3 公理のみですが，これらの公理から，確率は次のような性質を満たすことも自然に導かれます。

定理 5.1

事象 A の起こらない確率（事象 A の余事象 $\bar{A}$ が起こる確率）は以下で与えられる。

$$P(\bar{A}) = 1 - P(A)$$

定理 5.2

任意の事象 A に対して，以下が成立する，すなわち，確率の値の範囲は 0 以上 1 以下である。

$$0 \leq P(A) \leq 1$$

定理 5.3

事象 A が起こらないことが確実なとき，以下の式が成立する。

$$P(A) = 0$$

また，空事象 ϕ の確率は 0 である。

$$P(\phi) = 0$$

また，以上の公理と定理から導かれる次の定理を**確率の加法定理**といいます。

定理 5.4（確率の加法定理）

2 つの事象 A_1 と A_2 があるとき，一般的に以下の式が成り立つ。

$$P(A_1 \cup A_2) = P(A_1) + P(A_2) - P(A_1 \cap A_2)$$

もし事象 A_1 と A_2 が互いに排反事象であるなら，以下の式が成り立つ。

$$P(A_1 \cup A_2) = P(A_1) + P(A_2)$$

● 5-1-3 確率の解釈

確率は，その事象が起こる「確からしさ」の程度を示す尺度ですが，その意味の解釈にはいくつかのアプローチがあります。ここでは，3 つの解釈のアプローチを紹介します。

(1) 数学的確率

　ある試行において，起こり得るすべての場合の数が $|\Omega|$ 通りあって，どの場合も同様に確からしいとします。そのうち，事象 A の起こる場合の数が $|A|$ 通りであるなら，事象 A の起こる確からしさは，

$$P(A) = \frac{|A|}{|\Omega|}$$

であるため，これを確率と考えます。この方法で決められる確率を**数学的確率**，もしくは**先験的確率**といいます。

(2) 統計的確率

　ある試行を n 回繰り返したとき，事象 A が r 回起こったとすれば，事象 A の相対度数 $\frac{r}{n}$ の値は，n を十分大きくすると，ほぼ一定の値 p に近づいていきます。この値 p を事象 A の起こる**統計的確率**，もしくは**経験的確率**といいます。たとえば，コインを 10 回，100 回，1000 回と投げ続けたとき，表の出る相対度数は，コイン投げの回数が大きくなるにつれて $\frac{1}{2}$ に近づいていくので，この値を表の出る確率と考えます。

(3) 主観的確率

　ある任意の事象に対して，確率の公理を満たす範囲で，人が与える確信の度合を**主観的確率**といいます。たとえば，「宇宙人が存在する」という事象は，何回も反復可能な試行の結果として与えられる事象ではありません。そのため，「宇宙人が存在するか，しないか」という問いに対する不確実さは，わたしたちがその正解を知らないために生じている曖昧さです。このような事象の曖昧さの尺度として確率を定義することは可能ですが，この尺度は主観的なものにならざるを得ません。逆に，専門家の暗黙知を確率に反映できるというメリットもあります。

5-2 確率分布と期待値

●5-2-1 確率変数と確率分布

　サイコロを 3 回振って偶数が出る回数を x とすると，x は $x = 0$, $x = 1$, $x = 2$, $x = 3$ の 4 通りの値のどれかをとり，それぞれの x が起こり得る確率 $P(x)$ が定まっています。しかし，その 4 つの値のうち，どの値をとるかは，実際に振ってみないとわかりません。このように，まだ値が定まっていないけれども，どの値をどのくらいの確率でとるかは決まっているよう

な変数を**確率変数**といいます。一般に，確率変数を表すときには，大文字の X,Y,Z などの記号が多く使われます。また，確率変数が取り得る各々の値に付随する確率的法則を**確率分布**といいます。たとえば，サイコロを 2 回投げるときの出る目の和の確率分布は，表 5.1 のように与えられます。

表 5.1: サイコロを 2 回投げるときの出る目の和の確率分布

目の数の和	2	3	4	5	6	7	8	9	10	11	12
確率	1/36	2/36	3/36	4/36	5/36	6/36	5/36	4/36	3/36	2/36	1/36

値が離散値をとる**離散確率変数**である場合には，表 5.1 の例のように，表の形で確率分布を記述することができます。一般に，離散確率変数 X のとり得る値が，$a_1, a_2, \cdots, a_K$ であるとき，その確率分布は，表 5.2 のような形で与えられます。このような離散確率変数の確率分布を**離散確率分布**，あるいは単に**離散分布**といいます。

表 5.2: 離散確率変数の確率分布

x の値	a_1	a_2	a_3	$\cdots$	a_K
x の確率 $P(x)$	p_1	p_2	p_3	$\cdots$	p_K

ここで，$P(x)$ は x という値をとる確率を表し，**確率関数**と呼ばれます。この x は通常の変数を表しており，確率 $P(x)$ は x によって値が変わる関数です。この関数がとる値 $p_1, p_2, \cdots, p_K$ は確率ですので，$0 \leq p_j \leq 1$ かつ $\sum_{j=1}^{K} p_j = 1$ である必要があります。離散確率変数 X がある値 x 以下となる確率 $P(X \leq x)$ を求めるには，

$$
\begin{aligned}
P(X \leq x) &= \sum_{a_j \leq x} P(a_j) \\
&= \sum_{a_j \leq x} p_j
\end{aligned}
$$

(式 5-1)

とします。ここで，$\sum_{a_j \leq x}$ は $a_j \leq x$ を満たすような j について和をとることを意味します。

一方，値が連続値をとる**連続確率変数**である場合には，実数上の値をとり得るので，表の形式で確率分布を記述することはできません。また，実数軸上のすべての点 x に対して，0 以上の確率 $P(x)$ を割り当てようとすると，実数は連続的に存在するので $\sum_x P(x) = \infty$ となってしまいます。そこで，連続の場合には区間に対して確率を定義します。実数軸上の半開区間 $(a,b]$ に対し，連続確率変数 X が $a < X \leq b$ となるような値をとる確率を $P(a < X \leq b)$ と書きます。$a \to -\infty$，$b = x$ とすれば，$X \leq x$ となる確率 $P(X \leq x) = P(-\infty < X \leq x)$ も定義することができます。その微分値

$$f(x) = \frac{d}{dx}P(X \leq x)$$

が存在することを仮定すると，この $f(x)$ は，点 x が微小量増加したときに，確率 $P(X \leq x)$ がどのくらい増えるかを表しています．すなわち，$f(x)$ が大きいほど，その近辺の x は確率的に出やすいことを示しており，この関数 $f(x)$ を**確率密度関数**と呼びます．$P(X \leq x)$ の微分が $f(x)$ でしたので，逆に $f(x)$ を積分すると，

$$P(X \leq x) = \int_{-\infty}^{x} f(y)dy$$

（式 5-2）

となります．

　連続確率変数 X の実現値が半開区間 $(a,b]$ に入る確率は，確率密度関数を用いて，

$$P(a < X \leq b) = \int_{a}^{b} f(x)dx$$

と記述することができます．このような連続確率変数の確率分布を**連続確率分布**，あるいは単に**連続分布**といいます．

（式 5-1）と（式 5-2）では，離散確率変数と連続確率変数の場合について，$X \leq x$ となる確率 $P(X \leq x)$ の式を与えました．$P(X \leq x)$ は，離散分布と連続分布を統一的に扱うために便利な関数であり，**分布関数**と呼ばれます．分布関数 $F(x)$ は，次のようにまとめられます．

・**離散分布の場合**：確率関数 $P(x)$ を用いて，
$$F(x) = \sum_{y \leq x} P(y)$$

・**連続分布の場合**：確率密度関数 $f(x)$ を用いて，
$$F(x) = \int_{-\infty}^{x} f(y)dy$$

　図 5.1 に，離散分布と連続分布の分布関数の例を示します．確率分布を理解する際に．離散分布には確率関数 $P(x)$，連続分布には確率密度関数 $f(x)$ と使い分けることも可能ですが，分布関数は両方の確率変数に対して統一的に定義することが可能です．

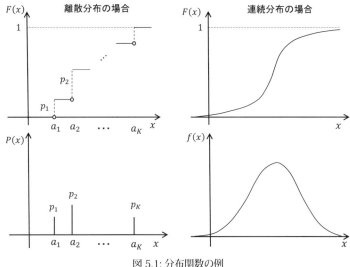

図 5.1: 分布関数の例

● 5-2-2 期待値

離散確率変数の場合から始めましょう。コインを 2 枚投げるときの表が出る数 X の確率分布を考えてみると，表 5.3 のようになります。

表 5.3: コインを 2 枚投げるときの表の数の確率分布

表の数 x	0	1	2
確率 $P(x)$	1/4	1/2	1/4

表が出た数にしたがって，1 枚も表が出なければ 0 円，1 枚表が出れば 1,000 円，2 枚表が出れば 2,000 円が当たるくじを考えると，賞金として期待できそうな額はいくらでしょうか。この場合，確率 1/4 で 0 円，確率 1/2 で 1,000 円，確率 1/4 で 2,000 円が当たるので，

$$0 \times \frac{1}{4} + 1,000 \times \frac{1}{2} + 2,000 \times \frac{1}{4} = 1,000 (円)$$

と考えるのが自然でしょう。これは，この場合の賞金の期待値です。ここでは，表の数 x に対して，$1,000 \times x$ 円という賞金を設定しましたが，どんな関数であっても，期待値の計算の方法は同様です。

離散確率変数 X の実現値 x に対して，関数 $g(x)$ が定義されているものとします。X が確率変数のとき，$g(X)$ もやはり確率変数となります。確率変数 X がとり得る値を a_1, a_2, $\cdots$,

a_K とし，それぞれの確率を $P(a_1), P(a_2), \cdots, P(a_K)$ とすると，$g(X)$ の期待値は，

$$
\begin{aligned}
E[g(X)] &= g(a_1)P(a_1) + g(a_2)P(a_2) + \cdots + g(a_K)P(a_K) \\
&= \sum_{j=1}^{K} g(a_j)P(a_j)
\end{aligned}
$$

で与えられます。特に，$g(x) = x$ として得られる

$$
\mu = E[X] = \sum_{j=1}^{K} a_j P(a_j)
$$

を X の**期待値**または**平均値**といいます。一方，$g(x) = (x - \mu)^2$ として得られる

$$
\sigma^2 = E[(X - \mu)^2] = \sum_{j=1}^{K} (a_j - \mu)^2 P(a_j)
$$

を X の**分散**といいます。

　この平均と分散は，第3章の1変量データのまとめ方にある n 個のサンプルから計算される算術平均や標本分散，不偏分散とは関係が深いものですが，明確に意味が異なることに注意が必要です。ここでの確率変数の期待値として定義される平均と分散は，確率変数や確率分布に対して定められるものであり，観測されたデータから計算されるものではありません。一方，算術平均や標本分散，不偏分散は，真の平均や分散が未知の状況で，これらを推測するためにデータから計算された統計量です。

　ここまでは，離散確率変数を用いた議論でしたが，連続確率変数の場合は確率密度関数を用いて次のように平均 μ と分散 σ^2 が定義されます。

$$
\mu = \int_{-\infty}^{\infty} x f(x) dx
$$

$$
\sigma^2 = \int_{-\infty}^{\infty} (x - \mu)^2 f(x) dx
$$

さらに，**分布関数**を以下のように定義します。

$$
F(x) = \int_{-\infty}^{x} f(t) dt
$$

このとき，

$$f(x) = \frac{d}{dx}F(x)$$

という逆の関係も成り立っています。

●5-2-3 期待値の性質

期待値については，以下のような重要な関係が成り立ちます。

> **定理 5.5**
>
> a と b を定数とするとき，以下の式が成り立つ。
>
> $$E(aX + b) = aE(X) + b$$

> **定理 5.6**
>
> X_1 と X_2 がともに確率変数なら，以下の式が成り立つ。
>
> $$E(X_1 \pm X_2) = E(X_1) \pm E(X_2)$$

次に分散に関する性質を示します。ここでは，確率変数 X の分散を $V(X)$ と表します。

> **定理 5.7**
>
> a と b が定数のとき，以下の式が成り立つ。
>
> $$V(aX + b) = a^2 V(X)$$

> **定理 5.8**
>
> 確率変数 X_1 と X_2 が互いに独立であれば，以下の式が成り立つ。
>
> $$V(X_1 \pm X_2) = V(X_1) + V(X_2)$$

定理 5.8 において，$V(X_1 - X_2) = V(X_1) + V(X_2)$ であることに注意しましょう。

●5-2-4 大数の法則

大数の法則とは，統計学における大変重要な極限定理の１つであり，データを増やしていくと期待値に収束していくことを理論的に保証する法則です。

いま，母集団が期待値 μ を持つ確率分布に従っているものとし，この μ は未知であるとします。そこで，n 個のデータ $x_1, x_2, \cdots, x_n$ を母集団からサンプリングし，その算術平均

$$\bar{x} = \frac{x_1 + x_2 + \cdots + x_n}{n}$$

を計算したとき，この $\bar{x}$ は μ に近い値になっているでしょうか。もし十分近い値であるとすれば，期待値 μ が未知であっても，サンプルから計算した $\bar{x}$ によって高い精度の推定ができているということになります。直感的には，サンプル数 n を十分大きくすれば，算術平均 $\bar{x}$ は期待値 μ に近い数字になっていると思われます。これを裏付けるのが，次に示す大数の法則です。

> **定理5.9（大数の法則）**
>
> 期待値が $\mu = E(X)$ であり，お互いに独立な確率変数列 $X_1, X_2, \cdots, X_n$ の算術平均
>
> $$\bar{X} = \frac{X_1 + X_2 + \cdots + X_n}{n}$$
>
> は，$n \to \infty$ とするとき，確率 1 で μ に収束する。すなわち，確率 1 で，以下の式が成り立つ[2]。
>
> $$\lim_{n \to \infty} \bar{X} = \mu$$

　たとえば，サイコロを振って 1 の目が出たら 1，その他の目が出たら 0 をとる確率変数 X を考えます。その期待値は，

$$E[X] = 1 \times \frac{1}{6} + 0 \times \frac{5}{6} = \frac{1}{6}$$

です。サイコロを振って 1 の目が出たら 1，それ以外の目が出たら 0 とする試行を n 回繰り返したときの n 個の確率変数を $X_1, X_2, \cdots X_n$ とすると，試行回数 n を増やしたとき，大数の法則により，確率 1 で，

$$\frac{X_1 + X_2 + \cdots + X_n}{n} \to \frac{1}{6}$$

が成り立ちます。$X_1, X_2, \cdots, X_n$ の和 $X_1 + X_2 + \cdots + X_n$ は，1 の目が出た回数を表している

---

[2] $\bar{X}$ はサンプルによって値が計算される確率変数であり，サンプル数 n にも依存することに注意しましょう。確率変数列の収束は，普通の数列の収束よりもややこしいものです。ここでは，「確率 1 で $\lim_{n \to \infty} \bar{X} = \mu$ が成り立つ」という表現を用いましたが，この収束は正確には**概収束**という概念です。
　また**確率収束**という概念もありますが，実務上は，これらの収束の厳密な数学的議論はあまり必要ではありません。

ので，これを $Y_n = X_1 + X_2 + \cdots + X_n$ とおくと，n 回の試行中，1 の目が出た回数 Y_n の比率 Y_n/n は，確率 1 で，

$$\frac{Y_n}{n} \to \frac{1}{6}$$

となり，比率 Y_n/n は期待値である 1/6 にどんどん近づいていくことが保証されます。

　このことは，確率分布の真の期待値を知らなくても，観測データの数を増やしていけば，真の期待値に非常に近い推定が可能であることを示しています。

　一般に，n 個の確率変数 $X_1, X_2, \cdots, X_n$ が，平均 μ，分散 σ^2 を持つ母集団確率分布からのランダムサンプルであるとき，標本平均 $\bar{X}$ の分散は $V[\bar{X}] = \sigma^2/n$ となります。明らかに，n を大きくしていくと，$V[\bar{X}] \to 0$ となることがわかります。$\bar{X}$ の平均は n によらず $E[\bar{X}] = \mu$ ですので，標本数 n を増やしていくと，$\bar{X}$ の分布は μ の周りに集中していきます。

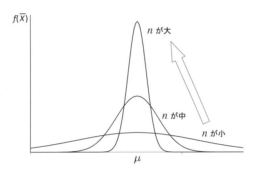

図 7.1: サンプルサイズ n を大きくしたときの $\bar{X}$ の分布の変化

　このことは，母集団から標本を観測してそれらの標本平均を計算する操作により，n が十分大きくとることができれば，正しい μ に十分近い推定が期待できることを意味しています。この性質を**大数の法則**といいます。

　ビジネスデータ分析では，目の前に実データが与えられることが多いので，その背後にある母集団を意識することは難しいかもしれません。しかしながら，統計分析では，観測されたデータはあくまで観測されたサンプルであり，その背後には確率的な法則が存在することを仮定しています。

確率というと，何だか難しく考えてしまうかもしれませんが，これは“曖昧な事象”を取り扱うために人間が考え出した数学的なモデルです。なぜ，確率という学問がこれだけ受け入れられているのかと言えば，一言で言えばとても役に立つからです。私たちが住んでいるこの世界の現象は，厳密には確率的な法則には従っていないかもしれません。しかし，多くの場合，確率的な法則に従うことを仮定して導いた結論は，実際の現象に近い結果となることが経験的に知られています。サイコロを数多く振ってみると，それぞれの目の出る割合は1/6 程度の値になっていますし，出た目の算術平均も 3.5 に近い値になっているでしょう。そのため，サイコロのそれぞれの目が出る確率は 1/6，出る目の期待値（平均値）は 3.5 と定義してしまって，さまざまな事象（たとえば，5 回サイコロを振って出た目がすべて偶数であること）が起こる可能性を確率で計算することで，曖昧な事象の起こりやすさを評価すると，その結果は現実と非常にマッチするのです。

　ここで一つクイズです。次のようにして得られる結果は，どんな結果になる確率が高いでしょうか。「いま，A さんのグラスと B さんのグラスに，10 個ずつの球が入っています。二人はじゃんけんし，勝った方が負けた方から球を 1 つもらって自分のグラスに入れます。このじゃんけんを何回も繰り返し，最終的に両者のグラスに入っている球の個数を比べてみます。ただし，どちらかのグラスの球が 0 個になった場合，相手が勝ってももらう球がないので，その場合は現状維持とします。」要するに，「無作為に選んだどちらかのグラスから，もう一方へのグラスへと球を移す」という操作を何回も続けたあと，2 つのグラスの中に残っている球の個数はそれぞれいくつになるでしょうか？　多くの人が「最初は 10 個ずつの球が入っていて，ランダムに球が行ったり来たりするので，これを何回繰り返しても，だいたい 10 個ずつくらいになっていると思う」と答えます。しかし本当の答えは，「たくさんのじゃんけんを繰り返すと，A さんのグラスか，あるいは B さんのグラスのどちらかにたくさんの球が偏ってしまう確率がとても高くなる」というものです。「ランダムに移動させているから，両方のグラスに同じくらい（10 個くらい）の球が残っている確率が高い」と答えた人は当てが外れましたね。このように，実際に確率を計算してみると，人間の直感としばしば異なることもあるので注意しましょう。

章末問題

1. **確率について，次のなかから誤っている説明を選んでください。**
   (1) 空事象の確率は常に 0 である
   (2) 全事象の確率は常に 1 である
   (3) 確率は根元事象に対してのみ定義される
   (4) 確率は標本空間上の部分集合すべてに定義される

2. **分布関数について，次のなかから正しい説明を選んでください。**
   (1) 分布関数は，確率関数の差分をとったものである
   (2) 連続分布の分布関数は，確率密度関数の微分によって定義できる
   (3) 分布関数は，通常の関数と異なり，確率分布を値域とする特殊な関数である
   (4) 分布関数は，離散分布と連続分布のどちらに対しても定義することができる

3. **次のなかから誤っている説明を選んでください。**
   (1) 大数の法則は，「標本データの算術平均が，データ数を増やしていくと期待値に近づいていくこと」を保証する法則である
   (2) 確率変数 X_1 と X_2 の期待値をそれぞれ $E(X_1)$, $E(X_2)$ としたとき，必ずしも $E(X_1 + X_2) = E(X_1) + E(X_2)$ となるとは限らない
   (3) 連続確率分布の期待値は，確率密度関数を用いた積分操作によって定義される
   (4) 離散確率分布の分布関数は，非連続に値が増加する階段形の関数になる

4. **公正なサイコロを振って出る目を表す確率変数 X の期待値として正しいものを次から選んでください。**
   (1) 2.5
   (2) 3.0
   (3) 3.5
   (4) 4.0

5. **確率変数 X の分散を $V[X]$ とするとき，$3X$ の分散として正しいものを次から選んでください。**
   (1) $V[X]$
   (2) $3V[X]$
   (3) $6V[X]$
   (4) $9V[X]$

さまざまな確率分布

本章では，離散変数の確率分布として重要な二項分布，多項分布，ポアソン分布，並びに連続変数の標本分布として重要な正規分布について説明します。

一般にはなじみの少ない言葉だと思いますが，それぞれ，統計の基礎となる重要な分布です。これらの分布を前提として，さまざまな統計の分析が行われていることから，分布の意義をイメージとしてつかんでおくことが必要です。

6-1 離散変数の確率分布

現実世界において，不良品の個数や試合の勝ち数，窓口の待ち行列の人数といったように，自然数の離散値をとる事象はきわめて多いものです。

本節では，そのような離散確率分布として基本的な二項分布と多項分布，ポアソン分布についてまとめています。

● 6-1-1 二項分布

引き分けのないゲームで，A君とB君が勝ち負けを争っているとします。A君がこのゲームでB君に勝つ確率を p として，n 回ゲームを終えたときのA君の勝利数はどのような分布になるでしょうか。ここで，A君の勝ちを○，負けを×で書いてみることにします。たとえば，5回の試行があったとき，A君の勝利が1回であるのは，

「○××××」，「×○×××」，「××○××」，「×××○×」，「××××○」

の5通りの可能性があります。

各々の確率は確率 p で起こる勝ちが1回，確率 $(1-p)$ で起こる負けが4回生じるので，これらをかけ合わせて $p(1-p)^4$ となります。これが5通りあるので，A君の勝利が1回である確率は，$5p(1-p)^4$ ということになります。「勝ち（○）」と「負け（×）」の並べ方の5通りというのは，$_5C_1 = 5$ で計算される組み合わせ数です。つまり，n 回ゲームをして，

A 君の勝利が x 回のとき，「勝ち（○）」と「負け（×）」の順列の数は，$_nC_x$ 通りとなります。

以上のように，ある 1 回の試行において起こり得る結果が A_1 と A_2（$= \bar{A_1}$）の 2 通りしかない場合，事象 A_1 の起こる確率を p，A_2 が起こる確率を $q = 1 - p$ とすると，この試行を n 回行ったときに，ちょうど x 回だけ A_1 が起こる確率は，

$$_nC_x p^x q^{n-x}$$

と表されます。ここで，このような確率分布に従う確率変数を X とおくと，以下のように離散型の確率分布 $P(X = x)$ が定まります。これは，確率変数 X がある値 x を取る確率を意味します。$P(X = x)$ を単に $P(x)$ と表現しましょう。

$$
\begin{aligned}
P(x) &= {}_nC_x p^x q^{n-x} \\
&= \frac{n!}{(n-x)!x!} p^x q^{n-x}
\end{aligned}
$$

ただし，$x = 0, 1, 2, \cdots, n$ で，$0 \leqq p \leqq 1$，$p + q = 1$ です。この確率分布は**二項分布**と呼ばれ，$B(n, p)$ と表されます。B は Binomial distribution（二項分布）の頭文字です。$B(n, p)$ が n と p の関数になっているのは，試行回数 n と事象 A_1 の起こる確率 p が決まれば，二項分布が一意に定まるためです。n はサンプリングのサイズなので観測者が決める値であり，p は二項分布の形状を決めるものです。一般に，二項分布の p のように，確率分布の形状をある媒介変数によって 1 つに決められるとき，この媒介変数は，この確率分布の**母数**，あるいは**パラメータ**と呼ばれます。

$n = 10$ の場合について，$p = 0.1$，$p = 0.3$，$p = 0.5$ としたときの二項分布の確率関数の概形を図 6.1 〜 6.3 に示します。

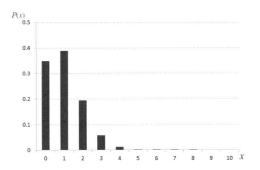

図 6.1: 二項分布（$n = 10, p = 0.1$ の場合）

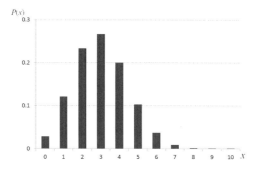

図 6.2: 二項分布 ($n = 10, p = 0.3$ の場合)

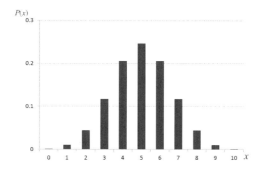

図 6.3: 二項分布 ($n = 10, p = 0.5$ の場合)

それぞれの図において，np の確率が高くなっていることがわかります。また，$p \approx 0$ や $p \approx 1$ のときは左右非対称ですが，$p = 0.5$ に近づくにしたがって，左右対称に近づいていきます。n が十分大きく，かつ np の値がある程度大きければ，左右対称に近い分布となり，その概形は後で述べる正規分布で近似できることも知られています。

また，二項分布の期待値は，

$$
\begin{aligned}
E(X) &= \sum_{x=0}^{n} x \cdot {}_nC_x p^x q^{n-x} \\
&= np
\end{aligned}
$$

で与えられ，分散は

$$
\begin{aligned}
V(X) &= \sum_{x=0}^{n} (x - E(X))^2 \cdot {}_nC_x p^x q^{n-x} \\
&= npq
\end{aligned}
$$

となることが知られています。

●6-1-2 多項分布

二項分布では，ある 1 回の試行において起こり得る結果が A_1 と A_2（$= \bar{A}_1$）の 2 通りしかありませんでした。しかし，一般の事象では，3 通り以上であることも多くあります。たとえば，トランプを無作為に 1 枚引いたときの数字は 13 種類あり，サイコロを振ったときに出る目は 6 種類です。このような場合の離散分布は，**多項分布**と呼ばれます。

ある 1 回の試行において起こり得る結果が $A_1, A_2, \cdots, A_K$ の K 通りあるものとし，これらの確率をそれぞれ $p_1, p_2, \cdots, p_K$ とします。この試行を n 回行ったときに，A_1 が x_1 回，A_2 が x_2 回，$\cdots$，A_K が x_K 回となる確率は，

$$\frac{n!}{x_1! x_2! \cdots x_K!} (p_1)^{x_1} (p_2)^{x_2} \cdots (p_K)^{x_K}$$

と表されます。多項分布のパラメータは $p_1, p_2, \cdots, p_{K-1}$ となります。これらの値が決まると，p_K は，$p_K = 1 - \sum_{i=1}^{K-1} p_i$ と自動的に決まるからです。

●6-1-3 ポアソン分布

二項分布や多項分布では，「n 回の試行のうち，特定の事象が何回起こるか」に注目していたため，起こり得る回数は最大でも n でした。一般の物理現象では，観測されるのは自然数のような離散値であっても，最大値があらかじめ決められないような問題も出てきます。たとえば，「1 時間あたりの来客人数」は，「1 人」，「2 人」，$\cdots$ という計数値ですが，あらかじめ最大値が設定されているわけではありません。

このように，上限のない離散値データを扱うために優れた確率分布が，**ポアソン分布**です。ポアソン分布は，平均値 λ をパラメータとする離散確率分布です。ポアソン分布の確率関数は，

$$P(x) = \frac{\lambda^x}{x!} e^{-\lambda}$$

で与えられます。ポアソン分布は，一定体積の液体中の浮遊物の数，一定面積中のキズの数，一定時間内に発生する事故の件数，一定時間内の来客人数など，生起回数の上限は決まっていなくても，ある平均値を持つような計数データの確率モデルとして多く用いられます。

ポアソン分布が，このような離散事象を表す確率モデルとして使われる根拠の 1 つは，ポアソン分布の確率関数は，二項分布において，np を一定にしたまま，$n \to \infty$ としたときの極限によって与えられることにあります。n が十分大きく，平均値 np が一定であれば，これは生起回数の上限がほぼ決まっておらず，平均値 $\lambda = np$ を持つ分布を表現していると考えられます。このように，二項分布で $n \to \infty$ となった極限が，ポアソン分布で与えられることが理論的に示されているというわけです。

$\lambda = 3$，$\lambda = 5$，$\lambda = 10$ としたときのポアソン分布の確率関数の概形を図 6.4 〜 6.6 に示します。これらの図から明らかなように，平均値 λ がある程度大きくなってくると，左右対称の分布に近づいていきます。この場合，二項分布と同様に，後から述べる正規分布で近似しても実用的にはほぼ問題なくなっています。したがって，計数データであっても平均がかなり大きい場合には，正規分布を用いたほうが便利でしょう。ポアソン分布は，正規分布で近似できないようなケース，つまり，発生頻度が比較的少ない事象の回数を解析する際に用いられる確率モデルであるということができます。

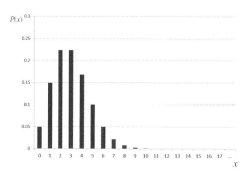

図 6.4: ポアソン分布（$\lambda = 3$ の場合）

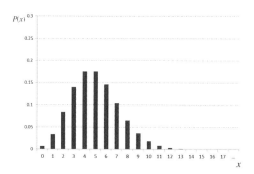

図 6.5: ポアソン分布（$\lambda = 5$ の場合）

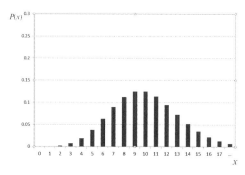

図 6.6: ポアソン分布（$\lambda = 10$ の場合）

6-2 連続変数の確率分布

　身長や体重など，計量値で与えられるデータは数多くあります。このような連続確率変数の確率モデルとして，もっとも重要な確率分布は**正規分布**です。正規分布は，さまざまな計量データの確率モデルとして有用であるとともに，二項分布などの近似としても活用されます。また，さまざまな統計量の確率分布は，正規分布を前提として導かれており，その意味でも正規分布は一般的な統計学の枠組みの大前提を与えていると言えます。

　本節では，正規分布について説明するとともに，正規分布から導かれるいくつかの連続確率分布について述べます[1]。

●6-2-1 正規分布

　正規分布は，統計学の基本となるもっとも重要な連続確率分布であり，数多くの自然現象がこれに近い分布に従うとされています。

　平均 μ，分散 σ^2 の正規分布の確率密度関数は，

$$f(x) = \frac{1}{\sqrt{2\pi\sigma^2}} e^{-\frac{(x-\mu)^2}{2\sigma^2}}$$

で与えられ，この正規分布を $N(\mu, \sigma^2)$ と記述します。特に，平均 0，分散 1^2 の正規分布 $N(0,1^2)$ は**標準正規分布**と呼ばれます。

　ここで，正規分布 $N(\mu, \sigma^2)$ の確率密度関数の概形を図 6.7 に表します。

---

[1] 連続確率分布としては，ほかに信頼性工学などで用いられる**指数分布**や**ワイブル分布**，有限区間上の連続分布である**ベータ分布**などがありますが，本書では，統計学の基礎的な事項に焦点を絞っているため，これらの分布やその応用については省略します。

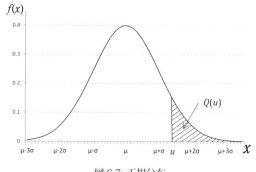

図 6.7: 正規分布

　この確率分布の形状を見てもわかるように，正規分布は左右対称の釣鐘型の分布形をしています。また，確率密度がもっとも大きくなる点（**モード**）と平均値が一致しています。

　ここで，

$$Q(u) = \int_u^\infty f(x)dx$$

は，$X \geq u$ となる確率を表しています。これは，X が u よりも大きくなる確率を意味しているので，**上側確率**とも呼ばれます。$Q(u) = 0.5$ となる点 u は確率分布の**メジアン**と呼ばれますが，正規分布では，このメジアンも平均やモードと一致しています。

　正規分布では，この $Q(u)$ の値は，表 6.1 に示すような値となります。平均 μ よりも σ 以上大きい値が出る確率は 0.1587，2σ 以上大きい値が出る確率は 0.0228，3σ 以上大きい値が出る確率は 0.0013 と急激に確率が小さくなります。

表 6.1: 正規分布の u と $Q(u) = P\{X \geq u\}$ の関係

u	μ	$\mu + 0.5\sigma$	$\mu + \sigma$	$\mu + 2\sigma$	$\mu + 3\sigma$
$Q(u)$	0.5000	0.3085	0.1587	0.0228	0.0013

●6-2-2 正規分布に関するいくつかの性質

　正規分布は，数多くの自然現象で現れる分布を非常によく近似する確率モデルとして，その有用性が広く認識されています。後の章で出てくる検定や推定の理論は，多くが正規分布を前提としているため，正規分布については正しい理解が必要となります。正規分布については，次に示すいくつかの性質が知られています。

正規分布に従う確率変数の変換 (1)

正規分布 $N(\mu, \sigma^2)$ に従う確率変数 X について，定数 a, b を用いて，

$$Y = a + bX$$

という変換を行うと，確率変数 Y は正規分布 $N(a + b\mu, b^2\sigma^2)$ に従う。

この性質から，明らかに次の性質も成り立つことがわかります。

正規分布に従う確率変数の変換 (2)

正規分布 $N(\mu, \sigma^2)$ に従う確率変数 X について，

$$Z = (X - \mu)/\sigma$$

という変換を行うと，確率変数 Z は標準正規分布 $N(0, 1^2)$ に従う。

この操作は**基準化**，または**標準化**と呼ばれています。逆に言えば，正規分布 $N(\mu, \sigma^2)$ に従う確率変数 X は，標準正規分布 $N(0, 1^2)$ に従う確率変数 Z を用いて，

$$X = \mu + \sigma Z$$

とすることで生成できます。いま，確率変数 X が正規分布 $N(\mu, \sigma^2)$ に従うことを $X \sim N(\mu, \sigma^2)$ と書くことにします。このとき，次の性質も成り立ちます。

正規分布の和

確率変数 X_1 と X_2 が，それぞれ独立に正規分布 $N(\mu_1, \sigma_1^2)$，$N(\mu_2, \sigma_2^2)$ に従うとき，すなわち，$X_1 \sim N(\mu_1, \sigma_1^2)$，$X_2 \sim N(\mu_2, \sigma_2^2)$ であるとき，$X_1 + X_2$ は正規分布 $N(\mu_1 + \mu_2, \sigma_1^2 + \sigma_2^2)$ に従う。

この性質から，互いに独立に同じ正規分布 $N(\mu, \sigma^2)$ に従う n 個の確率変数 $X_1, X_2, \cdots, X_n$ の和と平均について，次の性質が成り立つこともわかります。

正規分布の和と平均

n 個の確率変数 $X_1, X_2, \cdots, X_n$ が，それぞれ独立に同じ正規分布 $N(\mu, \sigma^2)$ に従うとき，それらの和 $X_1 + X_2 + \cdots + X_n$ は正規分布 $N(n\mu, n\sigma^2)$ に従う。また，平均

$$\bar{X} = \frac{X_1 + X_2 + \cdots + X_n}{n}$$

は，正規分布 $N(\mu, \sigma^2 / n)$ に従う。

　この事実は，第8章で出てくる検定や推定において，とても重要な性質ですのでしっかり理解しておきましょう。

　さて，上記の性質は，n 個の確率変数 $X_1, X_2, \cdots, X_n$ がすべて正規分布に従っている場合のものでした。実は，n 個の確率変数 $X_1, X_2, \cdots, X_n$ が正規分布に従っていなくても，次に示す**中心極限定理**と呼ばれる性質が成り立つことが知られています。

— 中心極限定理 —

n 個の確率変数 $X_1, X_2, \cdots, X_n$ が，それぞれ独立に同じ平均 μ，分散 σ^2 を持つなんらかの確率分布に従うものとする（正規分布でなくてもよい）。このとき，

$$Z = \frac{1}{\sqrt{n}\sigma}(X_1 + X_2 + \cdots + X_n - n\mu)$$

の確率分布は，n を大きくしていくと $(n \to \infty)$，標準正規分布 $N(0, 1^2)$ に近づく。

　上の式は，意図的にこの形式で示しましたが，ややわかりにくいので，次のように解釈すればよいでしょう。Z が標準正規分布 $N(0, 1^2)$ に従うようになるので，$X_1 + X_2 + \cdots + X_n = n\mu + \sqrt{n}\sigma Z$ は，正規分布 $N(n\mu, n\sigma^2)$ に従うことがわかります。よって，これを n で割った算術平均 $\bar{X} = (X_1 + X_2 + \cdots + X_n)/n$ の確率分布は正規分布 $N(\mu, \sigma^2 / n)$ に従うことになります。

— 中心極限定理（イメージ）—

n 個の確率変数 $X_1, X_2, \cdots, X_n$ が，それぞれ独立に同じ平均 μ，分散 σ^2 を持つなんらかの確率分布に従うものとする（正規分布でなくてもよい）。このとき，算術平均

$$\bar{X} = \frac{X_1 + X_2 + \cdots + X_n}{n}$$

の確率分布は，n を大きくしていくと $(n \to \infty)$，正規分布 $N(\mu, \sigma^2/n)$ に近づく。

　「$n \to \infty$ のとき正規分布 $N(\mu, \sigma^2/n)$ に近づく」という表現は，実際に $n \to \infty$ とすると，$\sigma^2/n \to 0$ になってしまい，もはや確率分布をなしていないので不思議に思われるかもしれません。しかし，これはわかりやすくイメージを述べたものですので，「十分大きな n につ

いては、算術平均 X は正規分布 $N(\mu, \sigma^2/n)$ でよく近似できるようになる」と覚えておいて構いません。

　この定理により、たとえば、二項分布に従う確率変数であっても、それを n 回観測して平均値を計算すると、十分大きな n であれば正規分布で近似できることがわかります。後の章で示す検定などにおいては、二項分布に従う計数データであっても、その確率を二項分布から厳密に計算するのは煩雑ですので、正規分布に近似して検定が行われることが多いのです。中心極限定理は、そのような手続きの正当性を保証する性質となっています。

● 6-2-3 正規分布の確率, パーセント点の求め方

　正規分布 $N(\mu, \sigma^2)$ に従う X がある定数 u よりも大きくなる確率 $Q(u)$ はどのようにして求めたらよいでしょうか。逆に、X の確率分布の上側確率がちょうど Q になるような u の値は、どのようにして求めたらよいでしょうか。この上側確率がちょうど $100Q\%$ となるような点 u は、上側確率 $100Q\%$ の**パーセント点**とも呼ばれ、統計学ではとても重要な概念となっています。いまではコンピューターが利用できるので、エクセルの関数機能を使って簡単にそれらの値を求めることができますが、標準正規分布の数値表を用いた計算の方法についても慣れておくことが大切です。

　一般的な統計の教科書には、標準正規分布について、次のような数値を示した数値表が掲載されています。

・u よりも大きな値が生起する確率 $Q(u)$
・上側確率が Q となるようなパーセント点 $u(Q)$

標準正規分布において、よく登場する確率とパーセント点を表 6.2 に示します。

表 6.2: 標準正規分布の u と $Q(u) = P\{X \geq u\}$ の関係

u	0.00	1.00	1.645	1.960	2.00	2.576	3.00
$Q(u)$	0.5000	0.1587	0.050	0.025	0.0228	0.005	0.0013

Z が標準正規分布に従うとき、次のような確率はどのように求めたらよいでしょうか。

――― **確率を求める問題例** ―――

Z が標準正規分布に従うとき、次の確率を求めなさい。

　(1) $P\{Z > 2\}$
　(2) $P\{Z < -1\}$
　(3) $P\{Z > -3\}$
　(4) $P\{1 < Z < 2\}$

(1) は標準正規分布表から対応する数値を読むだけでよいでしょう。この場合，表6.2 より $P\{Z > 2\} = 0.0228$ となります。

(2) を計算するためには，正規分布の左右対称性を用います。つまり，$P\{Z < -1\} = P\{Z > 1\}$ なので，求める確率は，$P\{Z < -1\} = 0.1587$ となります。

(3)は，$P\{Z > -3\} = 1 - P\{Z \le -3\}$ という関係に着目します。Z は連続確率変数なので $Z = 3$ となる確率は 0 であり，$P\{Z \le -3\} = P\{Z < -3\} = P\{Z > 3\} = 0.0013$ となるので，$P\{Z > -3\} = 0.9987$ となります。

(4) は，$P\{1 < Z < 2\} = P\{Z < 2\} - P\{Z < 1\}$ という関係より，$P\{1 < Z < 2\} = (1 - 0.0228) - (1 - 0.1587) = 0.1587 - 0.0228 = 0.1359$ となります。

(5) は，$P\{-1 < Z < 1\} = 1 - 2 P\{Z > 1\} = 1 - 2 \times 0.1587 = 0.6826$ となります。

次に，Z が標準正規分布に従うとき，次のような値はどのように求めたらよいでしょうか。

パーセント点を求める問題例

Z が標準正規分布に従うとき，標準正規分布の数値表を用いて次の値を求めなさい。

(1) $P\{Z > u_1\} = 0.05$ を満たす u_1 の値

(2) $P\{Z < u_2\} = 0.005$ を満たす u_2 の値

(3) $P\{-u_3 < Z < u_3\} = 0.99$ を満たす u_3 の値

---

(1) は，単純に標準正規分布の数値表で調べればよいでしょう。この場合，$Q(u_1) = 0.05$ となる u_1 は $u_1 = 1.645$ です。

(2) は，正規分布の左右対称性を用いて，$P\{Z < u_2\} = P\{Z > -u_2\}$ となるので，数値表より $-u_2 = 2.576$ が得られます。したがって，$u_2 = -2.576$ です。

(3)も，正規分布の左右対称性を用いて，$P\{-u_3 < Z < u_3\} = 1 - 2 P\{Z > u_3\}$ であることに着目すれば，$P\{Z > u_3\} = 0.005$ となります。数値表より，$u_3 = 2.576$ が得られます。

以上は，標準正規分布に従う確率変数の場合の計算です。一般に，正規分布 $N(\mu, \sigma^2)$ に従う確率変数 X の確率やパーセント点を求める場合には，$Z = \dfrac{X - \mu}{\sigma}$ が標準正規分布に従うという性質を用い，基準化してから標準正規分布の数値表を調べればよいでしょう。

確率を求める問題例

X が正規分布 $N(10, 5^2)$ に従うとき，標準正規分布の数値表を用いて次の確率を求めなさい。

(1) $P\{X > 20\}$

(2) $P\{X < 5\}$

(3) $P\{0 < X < 20\}$

確率変数 X が正規分布 $N(10, 5^2)$ に従うとき，これを基準化した $Z = (X - 10)/5$ は標準正規分布に従います。

したがって，(1) は，

$$
\begin{aligned}
P\{X > 20\} &= P\left\{\frac{X-10}{5} > \frac{20-10}{5}\right\} \\
&= P\left\{\frac{X-10}{5} > 2\right\} \\
&= P\{Z > 2\} \\
&= 0.0228
\end{aligned}
$$

のようになります。

(2) も基準化と正規分布の左右対称性を用いて，

$$
\begin{aligned}
P\{X < 5\} &= P\left\{\frac{X-10}{5} < \frac{5-10}{5}\right\} \\
&= P\{Z < -1\} \\
&= P\{Z > 1\} \\
&= 0.1587
\end{aligned}
$$

となります。

(3)も同様に，

$$
\begin{aligned}
P\{0 < X < 20\} &= P\left\{\frac{0-10}{5} < \frac{X-10}{5} < \frac{20-10}{5}\right\} \\
&= P\{-2 < Z < 2\} \\
&= 1 - 2P\{Z > 2\} \\
&= 1 - 2 \times 0.0228 \\
&= 0.9544
\end{aligned}
$$

と計算できます。

―― パーセント点を求める問題例 ――

X が正規分布 $N(10, 5^2)$ に従うとき，標準正規分布の数値表を用いて次の値を求めなさい。

(1) $P\{X > u_1\} = 0.05$ を満たす u_1 の値

(2) $P\{X < u_2\} = 0.005$ を満たす u_2 の値

(3) $P\{u_3 < X < u_4\} = 0.99$ を満たす u_3 と u_4 の値

Z が標準正規分布に従うとき，$X = \mu + \sigma Z$ と変換すれば，X は正規分布 $N(\mu, \sigma^2)$ に従います。この事実を利用すれば，この問題は比較的簡単です。

　(1) は，Z が標準正規分布に従うとき，$P\{Z > a\} = 0.05$ を満たす a の値が $a = 1.645$ で与えられることから，

$$
\begin{aligned}
0.05 &= P\{Z > 1.645\} \\
&= P\{10 + 5 * Z > 10 + 5 * 1.645\} \\
&= P\{X > 10 + 5 * 1.645\} \\
&= P\{X > 18.23\}
\end{aligned}
$$

と計算できます。よって求める値は，$u_1 = 18.23$ となります。

　(2) も同様に，Z が標準正規分布に従うとき，$P\{Z < a\} = 0.005$ を満たす a の値は，$a = -2.576$ で与えられることから，

$$
\begin{aligned}
0.005 &= P\{Z < -2.576\} \\
&= P\{10 + 5 * Z < 10 + 5 * (-2.576)\} \\
&= P\{X < 10 + 5 * (-2.576)\} \\
&= P\{X < -2.88\}
\end{aligned}
$$

と計算できます。よって求める値は，$u_2 = -2.88$ となります。

　(3) は，Z が標準正規分布に従うとき，$P\{-a < Z < a\} = 0.99$ を満たす a の値は $a = 2.576$ で与えられることから，

$$
\begin{aligned}
0.99 &= P\{-2.576 < Z < 2.576\} \\
&= P\{10 + 5 * (-2.576) < 10 + 5 * Z < 10 + 5 * 2.576\} \\
&= P\{-2.88 < X < 22.88\}
\end{aligned}
$$

と計算できます。したがって，$u_3 = -2.88$，$u_4 = 22.88$ となります。なお，この問題では，標準正規分布の数値表を用いて計算したのでこの答えとなりましたが，$P\{-a < Z < a\} = 0.99$ となる a に限定せず，$P\{-b < Z < c\} = 0.99$ となる b と c を考えると，この組み合わせはたくさん存在します。

コラム

　「確率と統計」が嫌いになってしまった人の多くは，高校生の数学のときに，複雑な事象の確率を計算させる問題に頭がこんがらがってしまった人かもしれません。たとえば「52枚のトランプのカードから，無作為に n 枚を引いたとき，最大値が k である確率を求めなさい。」といった問題に頭を悩ませて嫌になってしまったとか。しかし，ビジネス統計を学ぶ場合に，複雑な事象の確率を計算するようなことはありません。

　それよりも「対象とする事象の不確実さが，どんな確率分布で表すことができるか」という点には注意が必要です。日本全国の学力テストの得点分布などは，おおよそ正規分布に従うことが多い事例です。人の身長や体重の分布も，正規分布に近い分布に従うことが多いと言えます。これらの学力テストの得点や身長，体重は非負の数値ですから，厳密には正規分布に従うとは言えないのですが（正規分布は，左右対称で $-\infty$ から $+\infty$ までの実数を取る確率分布），実際の統計分析の場合は，正規分布を仮定して分析してしまっても大きな問題にはなりません。

　一方で，かなり正規分布とは異なる分布形をしている現象も実際にはたくさん存在します。たとえば，「プロ野球選手の年俸データ」や「企業の自己資本データ」，「日本人の世帯年収のデータ」などのヒストグラムを描いてみると，左右非対称の分布をしていることがわかるでしょう。お店にお客さんが来てから，次のお客さんが来るまでの時間（到着間隔の時間）の分布は，0 に近い正の値が高く，大きくなるにつれて右肩下がりの分布になることもあります。

　統計学では「対象としている事象がどのような確率分布に従っているか」をまず仮定して，「得られているデータは，その分布に従って生起したサンプルである」と考えます。ですから，分析をしようとしている現実の対象問題をよく理解し，その事象がどのような確率分布に従っているのかを確かめることが重要です。

第6章

章末問題

1. 次の確率分布のなかで，二項分布の説明として正しいものを選んでください。
    - (1) 1時間のうちに窓口に到着する顧客の人数は二項分布に従う
    - (2) ある一定の故障率を持つ電球が故障するまでの時間は二項分布に従う
    - (3) サイコロを10回振ったときの，1が出た回数やそれ以外の目が出た回数は二項分布に従う
    - (4) 二項分布は，正規分布を近似して得られた確率分布である

2. 正規分布について，次のなかから誤っている説明を選んでください。
    - (1) 正規分布の母数は2つである
    - (2) 正規分布は釣鐘状の確率密度関数を持つ
    - (3) 正規分布は，得られたデータを正規化することによって得られる分布である
    - (4) 正規分布の確率密度関数の最大値は1を超えることもある

3. 中心極限定理について，次のなかから正しい説明を選んでください。
    - (1) 中心極限定理とは，確率変数の中心を0に近づけていったときの性質を述べた定理である
    - (2) 独立に二項分布に従うn個の確率変数の和をとるとき，nを増やしていくと和の分布が正規分布に近づいていく現象は，中心極限定理で説明できる
    - (3) 二項分布において，npを一定とする前提で，nを大きくしていくとポアソン分布が得られることを中心極限定理という
    - (4) 同じ確率分布に従う確率変数をn個観測して算術平均をとると，nを大きくしていけば，真の正しい平均値に収束していくことを中心極限定理という

4. Zが標準正規分布に従うとき，確率$P\{Z < 2.0\}$の値として正しいものを選んでください。
    - (1) 0.500
    - (2) 0.023
    - (3) 0.977
    - (4) 0.200

5. Zが標準正規分布に従うとき，$P\{Z > a\} = 0.5$を満たすaの値として正しいものを選んでください。
    - (1) 0.000

(2)　1.645

(3)　1.960

(4)　2.576

6. X が正規分布 $N(100, 10^2)$ に従うとき，確率 $P\{X > 120\}$ の値として正しいものを選んでください。

(1)　0.500

(2)　0.023

(3)　0.977

(4)　0.200

第7章

標本分布

　本章では，統計的推測においてきわめて重要な標本分布（統計量の分布）について説明し，具体的な標本分布の例として，正規母集団から得られる重要な標本分布について学習します。

　説明に出てくる数式は一見難しいので，無理に覚える必要はありませんから，統計の推定や検定の基礎としてさまざまな分布があることをまずは理解してください。統計分野では，これらの分布の性質が確かめられていることから，限られたサンプルデータからさまざまな解析や予測が可能になっています。次章以降にこれらの分布を使って具体的な分析を行っていきます。

7-1　標本分布と統計的推測

●7-1-1　統計的推測

　サンプリングによって得られた標本に基づいて，母集団の特性について推測を行うことを**統計的推測**といいます。その際，母集団の確率分布として，正規分布や二項分布，ポアソン分布といった具体的な確率モデルが仮定できることも多くあります。この場合，たとえば，正規分布 $N(\mu, \sigma^2)$ では，その平均 μ，分散 σ^2 を推測するという問題になります。このような母集団の確率分布の形を1つに定める変数のことを**母数**，または**パラメータ**といいます。二項分布 $B(n, p)$ の場合は確率 p が母数となります。このような母集団確率分布を仮定して統計的推測を行う方法を，**パラメトリックな方法**といいます[1]。

　統計的推測では，母集団から得られた標本に基づいて，母数についてなんらかの推測を行うことが大きな目的となります。

　統計的推測の方法は，大きく分けて**検定**と**推定**があります。これらは，それぞれ**統計的検**

---

[1] 母集団分布として，特定の確率モデルを仮定せず，任意の確率分布を対象として推測を行う方法は**ノンパラメトリックな方法**と呼ばれます。初等的な統計学では，パラメトリックな方法で議論されることがほとんどですが，実応用面では，しばしば確率分布を事前に仮定できず，ノンパラメトリックな方法で統計的推測が行われる場面もあります。

83

定と**統計的推定**と呼ばれることもあり，さらに，推定の方法は，**点推定**と**区間推定**に分けられます。

(1) **検定**：たとえば，「母平均 μ が $\mu = 100$ と言えるかどうか？」といった問いに対し，標本に基づき，推測を行うことをいいます。そのため，「$\mu = 100$」という仮説を設定し，得られた標本がこの仮説のもとで自然に得られる結果であると言えるかどうかによって，この仮説を検定する手続きがとられます。

(2) **推定**：たとえば，未知の母平均 μ の値について，標本から直接推測を行うことをいいます。得られた標本から μ の値の**推定値**として，$\hat{\mu} = 103.2$ といったようにその値を推定することができます。このように，母数の推定値を 1 つに定める推定を**点推定**といいます。もちろん，この推定値は標本によってばらつく確率変数と考えられます。個々の標本から具体的に計算された推定値ではなく，標本から推定値を計算する式自体は確率変数であり，これは**推定量**と呼ばれます。統計量の具体的な計算結果が，推定値です。

　一方，母数 μ について，「ある高い確率で 区間 $a \leq \mu \leq b$ に含まれている」と区間を用いて推測結果を示す方法を**区間推定**といいます。

これらの詳細については，第 8 章で詳しく説明します。

●7-1-2 標本分布

母集団から n 個の標本を得る際，これら n 個の標本データは，確率変数と見なすことができます。いま，この n 個の確率変数 $X_1, X_2, \cdots, X_n$ が，互いに独立に，同じ母集団の確率分布に従っているとき，このような標本抽出を**ランダムサンプリング**，または**無作為抽出**といいます。

なんらかの統計的推測のために，得られた標本から計算される量を**統計量**といいます。たとえば，標本の算術平均（標本平均）や分散などはすべて統計量です。統計量は，サンプリングによって標本を取り直すと変動する確率変数であり，この統計量の確率分布を**標本分布**といいます。統計学では，仮定した母集団確率分布から想定される標本分布に対して，実際に観測された統計量の実現値を照らし合わせることによってさまざまな統計的推測を行うため，標本分布については正しい理解が必要です。

●7-1-3 算術平均の標本分布

n 個の確率変数 $X_1, X_2, \cdots, X_n$ が，平均 μ，分散 σ^2 を持つ母集団確率分布からのランダムサンプルだとします。このとき，$E[X_j] = \mu$, $V[X_j] = \sigma^2$ であり，各々独立であるので，

$$E[X_1 + X_2 + \cdots + X_n] = n\mu$$
$$V[X_1 + X_2 + \cdots + X_n] = n\sigma^2$$

が成り立ちます。このことから，標本平均

$$\bar{X} = \frac{X_1 + X_2 + \cdots + X_n}{n}$$

の確率分布の平均と分散は，

$$E[\bar{X}] = \mu$$
$$V[\bar{X}] = \frac{\sigma^2}{n}$$

で与えられることがわかります。

　以上は一般の確率分布に対して成り立ちますが，特に $X_1, X_2, \cdots, X_n$ が正規分布 $N(\mu, \sigma^2)$ からの無作為標本であるとすれば，その和 $X_1 + X_2 + \cdots + X_n$ は正規分布 $N(n\mu, n\sigma^2)$ に従い，標本平均 $\bar{X}$ は正規分布 $N(\mu, \sigma^2/n)$ に従うことが知られています。これは厳密に成り立つことですが，すでに中心極限定理として知られる事実について述べたとおり，$X_1, X_2, \cdots, X_n$ が正規分布ではない任意の確率分布に従っていたとしても，それが平均 μ，分散 σ^2 を持つ分布であれば，n を大きくすると標本平均 $\bar{X}$ の分布は正規分布 $N(\mu, \sigma^2/n)$ に近づいていきます。確率分布の平均値に関する統計的推測を行う際には，正規分布を仮定して議論を進めることが多いですが，その根拠の1つとして，中心極限定理があると言えるでしょう。

7-2 正規母集団からの標本分布

　母集団の分布として，正規分布が仮定できるような母集団を**正規母集団**といいます。人の身長や体重の分布，模擬試験の得点分布，100メートル走のラップタイムの分布，製品の重さや長径といった品質特性値の分布など，多くの現実事象が正規分布によってよく近似できることが経験的にわかっており，多くの統計的推測がこの正規母集団を仮定して組み立てられています。

　本節では，そのような正規母集団から得られるいくつかの重要な統計量とその分布について説明します。

● 7-2-1 正規母集団からの統計量

n 個の標本 $X_1, X_2, \cdots, X_n$ が正規分布 $N(\mu, \sigma^2)$ からの無作為標本であるとします。このとき，これらの標本平均

$$\bar{X} = \frac{X_1 + X_2 + \cdots + X_n}{n}$$

は統計量であるとともに，母平均 μ の推定量であることはすでに述べました。

ほかにはどのような統計量が考えられるでしょうか。一般に，統計的推測が取り扱うとされる問題には，次のようなものがあります。

統計的推測が扱う問題の種類

(1) 母集団の平均値に関する推測

(2) 母集団の分散に関する推測

(3) 母集団の確率分布に関する推測

(4) 2 つの母集団の差異に関する推測

(5) 対応のあるデータ間の独立性に関する推測

それぞれが，実問題で求められている課題に応じて使い分けられますが，ここで大切なことは，これらのどの推測を行うのかによって，使われる統計量と標本分布が異なるということです。主に使われる標本分布を表にまとめたものが，表 7.1 です。

表 7.1: 統計的推測と使われる標本分布

	標本分布
(1) 母集団の平均値に関する推測	正規分布，t 分布
(2) 母集団の分散に関する推測	χ^2 分布
(3) 母集団の確率分布に関する推測	χ^2 分布
(4) 2 つの母集団の差異に関する推測	正規分布，t 分布，F 分布
(5) 対応のあるデータ間の独立性に関する推測	χ^2 分布

次の項では，正規母集団から導かれる重要な確率分布である，**χ^2 分布**，**t 分布**，**F 分布**について説明します。各確率分布の特徴を表 7.2 にまとめました。

表 7.2: 正規母集団から導かれる重要な確率分布

	母数	使われる場面の一例
正規分布	平均 μ, 分散 σ^2	母分散が既知の場合の平均値の検定
t 分布	自由度	母分散が未知の場合の平均値の検定
χ^2 分布	自由度	分散の検定，適合度検定，独立性の検定
F 分布	自由度 (2つ)	2 つの母集団の分散の検定，分散分析

● 7-2-2 χ^2 分布（カイ二乗分布）

χ^2 分布（カイ二乗分布）は，標準正規分布に従う独立な確率変数の二乗和が従う分布です。χ^2 分布は，母分散の検定や推定に用いられるほか，適合度検定や独立性の検定といった場面でも用いられる重要な標本分布です。

χ^2 分布

$X_1, X_2, \cdots, X_\phi$ を，互いに独立に標準正規分布 $N(0, 1^2)$ に従う確率変数であるとする。このとき，統計量

$$\chi_\phi^2 = {X_1}^2 + {X_2}^2 + \cdots + {X_\phi}^2$$

が従う確率分布を，自由度 ϕ の χ^2 分布という。また，自由度 ϕ の χ^2 分布を $\chi^2(\phi)$ で表す。

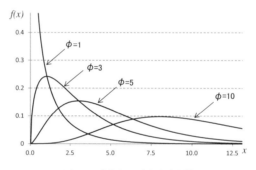

図 7.2: χ^2 分布の確率密度関数

χ^2 分布の平均は ϕ，分散は 2ϕ で与えられ，各自由度 ϕ に対する分布形は，図 7.2 のようになります。

自由度 ϕ の χ^2 分布の上側確率（図 7.3 の斜線部分）が α となる値を，上側確率 $100\alpha\%$ のパーセント点といい，$\chi_\phi^2(\alpha)$ で表します。この値は簡単な計算で求めることができないため，標準正規分布表と同様に，ϕ と α に対する数値表を用いてその都度調べるとよいでしょう。

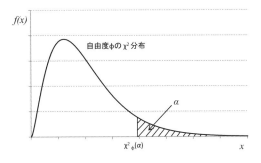

図 7.3 χ^2 分布の確率密度関数

この χ^2 分布は正規母集団からの標本分布として重要であり，後で述べる検定や推定において活用されます。その際に利用される χ^2 分布の性質について示しておきます。

χ^2 分布の性質 (1)

$X_1, X_2, \cdots, X_n$ は，互いに独立に正規分布 $N(\mu, \sigma^2)$ に従うものとする。このとき，

$$\chi^2 = \frac{1}{\sigma^2} \sum_{i=1}^{n} (X_i - \mu)^2$$

は自由度 n の χ^2 分布に従う。

この性質は，$(X_i - \mu)/\sigma$ がそれぞれ独立に標準正規分布 $N(0, 1^2)$ に従っていることから導かれます。ただし，上の式の統計量は，母平均 μ が既知でないと計算することができません。母平均 μ を算術平均 $\bar{X}$ で代用した場合については，次のような性質が知られています。

χ^2 分布の性質 (2)

$X_1, X_2, \cdots, X_n$ は，互いに独立に正規分布 $N(\mu, \sigma^2)$ に従うものとする。$\bar{X}$ を標本平均としたとき，

$$\chi^2 = \frac{1}{\sigma^2} \sum_{i=1}^{n} (X_i - \bar{X})^2$$

は自由度 $n-1$ の χ^2 分布 $\chi^2(n-1)$ に従う。

母平均 μ が未知である場合には，この性質 (2) を用いて，母分散 σ^2 の推定，検定を行うことが可能です。これら χ^2 分布の性質から，統計解析でよく用いられる t 分布が導かれていきます。

●7-2-3 t分布

母分散 σ^2 が既知である場合の議論から始めます。もし，母分散 σ^2 が既知であれば，μ を所与として，

$$Z = \frac{\bar{X} - \mu}{\sigma/\sqrt{n}}$$

の計算が可能になります。このとき，次の事実を用いて，μ に関する統計的推測を行うことができます。

標本平均の標本分布

n 個の確率変数 $X_1, X_2, \cdots, X_n$ が正規分布 $N(\mu, \sigma^2)$ からのランダムサンプルであり，その算術平均を $\bar{X}$ とする。このとき，

$$Z = \frac{\bar{X} - \mu}{\sigma/\sqrt{n}}$$

は，標準正規分布 $N(0, 1^2)$ に従う。

では，母分散 σ^2 が未知のとき，これを標本からの推定量である不偏分散

$$S^2 = \frac{1}{n-1} \sum_{i=1}^{n} (X_i - \bar{X})^2$$

で置き換えたらどうなるでしょうか。統計量は，

$$T = \frac{\bar{X} - \mu}{S/\sqrt{n}} \tag{式 7-1}$$

と書き換えられます。この統計量 T はどのような分布に従うでしょうか。

標本平均 $\bar{X}$ の確率分布は $N(\mu, \sigma^2/n)$ に従うことから，T の分子は，$(\bar{X} - \mu)/(\sigma/\sqrt{n})$ と基準化すれば標準正規分布 $N(0,1^2)$ に従うことがわかります。一方，問題は分母に含まれる S も確率変数であることですが，「χ^2 分布の性質 (2)」より，$(n-1)S^2/\sigma^2$ は自由度 $(n-1)$ の χ^2 分布 $\chi^2(n-1)$ に従うことがわかります。つまり，統計量 T は，標準正規分布に従う確率変数を，χ^2 分布に従う確率変数で割ったような式になっています。そこで，このよう

な統計量の分布を表す一般形として，次の**t分布**を定義してみましょう[2]。

---

t分布

Z は標準正規分布 $N(0, 1^2)$ に従い，χ^2 は Z とは独立に自由度 ϕ の χ^2 分布に従うものとする。統計量 T を，

$$T = \frac{Z}{\sqrt{\chi^2/\phi}}$$

と定義したとき，この T が従う確率分布を自由度 ϕ の t 分布という。自由度 ϕ の t 分布を $t(\phi)$ で表す。

---

t 分布は，現実の自然現象を表すモデルではなく，統計的推測を目的とした標本分布として導かれた分布ですので確率密度関数の式を覚える必要はありません。ただし，どのような統計量の確率分布であるのかについては正しく理解しておく必要があります。t 分布の期待値は 0，分散は $\phi > 2$ のとき $\frac{\phi}{\phi - 2}$ で与えられます。また，t 分布の自由度を大きくしていった際の性質として，次の性質が知られています。

---

t分布の性質 (1)

自由度 ϕ の t 分布において，$\phi \to \infty$ とすると，標準正規分布に近づく。

上の性質は，$\phi \to \infty$ とすると，$\sqrt{\chi^2/\phi}$ が 1 に近づいていくことから明らかでしょう。

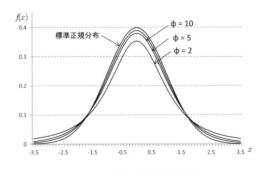

図 7.4: t 分布の確率密度関数

さて，（式 7-1）の統計量 T の確率分布の話に戻しましょう。

この T は，自由度 $n-1$ の t 分布に従う性質があります。

---

[2] スチューデントの t 分布と呼ばれることもあります。

― t 分布の性質 (2) ―

n 個の確率変数 $X_1, X_2, \cdots, X_n$ が正規分布 $N(\mu, \sigma^2)$ からのランダムサンプルであり，その標本平均を $\bar{X}$，不偏分散を S^2 とする。このとき，

$$T = \frac{\bar{X} - \mu}{S/\sqrt{n}}$$

は，自由度 $n-1$ の t 分布 $t(n-1)$ に従う。

　自由度 ϕ の t 分布の上側確率が α となる値を $t_\phi(\alpha)$ と表し，上側確率 $100\alpha\%$ のパーセント点といいます。つまり，$t_\phi(\alpha)$ は $P(T > t_\phi(\alpha)) = \alpha$ となるような値です。この t 分布のパーセント点についても，一般に計算は容易でないため，よく使われる ϕ と α についてまとめた数値表を用いるとよいでしょう。

　χ^2 分布の性質からは，さらに次節の F 分布が導かれます。

●7-2-4 F 分布

　統計的推測では，2 つの母集団の統計的性質に差があるかどうかを調べたい場合があります。たとえば，2 つのクラスに所属する学生の成績分布に差があるかどうかであったり，2 つの機械から生産される製品の特性値の分布に差があるかどうかを調べるような場合です。

　一般に，2 つの正規母集団から得られたデータに基づき，平均値に差があるかどうかを調べる場合には，正規分布や t 分布を用いることができます。一方，2 つの正規母集団の分散に差があるかどうかを検定するといった場合には，2 つの正規母集団のデータから各々計算される 2 つの不偏分散に差があるかどうかがポイントとなります。

　このような統計的推測に利用される確率分布が，**F 分布**です。

― F 分布 ―

χ_1^2 は自由度 ϕ_1 の χ^2 分布に従う確率変数，χ_2^2 は自由度 ϕ_2 の χ^2 分布に従う確率変数とする。このとき，統計量 F を，

$$F = \frac{\chi_1^2/\phi_1}{\chi_2^2/\phi_2}$$

と定義すると，確率変数 F が従う確率分布を自由度 (ϕ_1, ϕ_2) の F 分布といい，$F(\phi_1, \phi_2)$ で表す。

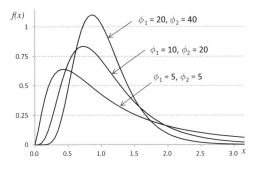

図 7.5: F 分布の確率密度関数

　自由度 (ϕ_1, ϕ_2) の F 分布の上側確率が α となる点を $F_{\phi_1, \phi_2}(\alpha)$ と表し，上側確率 $100\alpha\%$ の
パーセント点といいます。つまり，$F_{\phi_1, \phi_2}(\alpha)$ は $P(F > F_{\phi_1, \phi_2}(\alpha)) = \alpha$ となるような値です。
この F 分布のパーセント点についても，一般に計算は容易でないため，よく使われる ϕ_1, ϕ_2
と α についてまとめた数値表を用いるとよいでしょう。

　さて，2 つの正規母集団のデータから各々計算される 2 つの不偏分散に差があるかどうか
を検定するため，1 つ目の正規母集団 $N(\mu_X, \sigma_X^2)$ から m 個の標本 $X_1, X_2, \cdots, X_m$ を，2 つ目
の正規母集団 $N(\mu_Y, \sigma_Y^2)$ から n 個の標本 $Y_1, Y_2, \cdots, Y_n$ を，それぞれランダムサンプリングに
よって得たとします。このとき，標本平均 $\bar{X}, \bar{Y}$ は

$$\bar{X} = \frac{X_1 + X_2 + \cdots + X_m}{m}$$
$$\bar{Y} = \frac{Y_1 + Y_2 + \cdots + Y_n}{n}$$

で，不偏分散は，

$$S_X^2 = \frac{1}{m-1} \sum_{i=1}^{m} (X_i - \bar{X})^2$$
$$S_Y^2 = \frac{1}{n-1} \sum_{i=1}^{n} (Y_i - \bar{Y})^2$$

で与えられます。いま，χ^2 分布の性質から，S_X^2 と S_Y^2 の分布については次が成り立ちます。

・$(m-1) S_X^2 / \sigma_X^2$ は，自由度 $m-1$ の χ^2 分布 $\chi^2(m-1)$ に従う
・$(n-1) S_Y^2 / \sigma_Y^2$ は，自由度 $n-1$ の χ^2 分布 $\chi^2(n-1)$ に従う

　したがって，これらの比をとったものは，自由度 $(m-1, n-1)$ の F 分布に従うことが
わかります。

F 分布の性質 (1)

正規母集団 $N(\mu_X, \sigma_X^2)$ から得た大きさ m の無作為標本から計算される不偏分散を S_X^2,
正規母集団 $N(\mu_Y, \sigma_Y^2)$ から得た大きさ n の無作為標本から計算される不偏分散を S_Y^2 と
する。このとき,

$$F = \frac{S_X^2/\sigma_X^2}{S_Y^2/\sigma_Y^2}$$

は,自由度 $(m-1, n-1)$ の F 分布 $F(m-1, n-1)$ に従う。

この性質において,$\sigma_X^2 = \sigma_Y^2$ とすれば明らかに,次の性質が成り立ちます。

F 分布の性質 (2)

正規母集団 $N(\mu, \sigma^2)$ から独立に,大きさ m の無作為標本と大きさ n の無作為標本を得
るものとする。これらから計算される不偏分散をそれぞれ S_1^2, S_2^2 とする。このとき,
統計量

$$F = \frac{S_1^2}{S_2^2}$$

は,自由度 $(m-1, n-1)$ の F 分布 $F(m-1, n-1)$ に従う。

　くわしくは後の章で述べますが,F 分布のこれらの性質を用いることにより,2 つの母集
団間で分散に差があるかどうかについて統計的な推測が可能となります。F 分布は,その他,
分散分析と呼ばれる独特の検定手法においても活用されます。

コラム

　よく「確率分布と標本分布は何が違うのか?」という質問を受けることがあります。確率
分布という言葉は確率変数全般に対して使われる言葉で,確率変数がさまざまな値をとる程
度を確率で示したものです。標本分布は,統計量の確率分布を示していて,多分に「統計学
的な推論を目的として計算される量がどんな確率分布に従っているのか」を手がかりに,検
定したり,推定したりしようという意図が込められています。そのため,現実的に私たちが

目の当たりにする事象が従うような確率分布だけではなく，統計的検定を目的として計算される統計量の分布として重要な確率分布がいくつか登場します。t 分布や F 分布，χ^2（カイ二乗）分布などは，まさにそのような確率分布です。

　読者の皆さんの中には「現実的な事象の多くは正規分布に従うと習ったのに，何でこんなにさまざまな確率分布を勉強しなければならないのか？」と不思議に思う方がいるかもしれません。それは，正規分布に従う母集団からいくつかのサンプルを観測すれば，これらは当然，母集団の正規分布に従う訳ですが，この母集団の正規分布の真の平均値や分散を知らない場合，話はそう簡単ではないからです。母集団の真の平均値や分散を知らない状況で，有限のサンプルからこれらを推測しようとしている訳ですから，そのための方法論を組み立てないといけないのです。

　そのために使われるのが，サンプルデータから計算される統計量の分布です。正規分布に従って得られたサンプルを用いて，算術平均値を計算して基準化したり，標本分散を計算した統計量を手がかりとして，未知の正規分布の平均値や分散に対して検定や推定を行う必要があるので，これらの統計量が従う分布が必要なのです。一般に，平均 0，分散 1 の標準正規分布から得られたサンプルを使って計算された統計量が従うはずの確率分布がわかっていれば，実際にサンプルから計算された統計量の値と比較することで，そのサンプルが標準正規分布から得られていないと言えるのかどうかが判断できる訳です。

　t 分布や F 分布，χ^2（カイ二乗）分布とたくさんの標本分布が出てきましたが，これらはすべて正規分布に従う確率変数から計算される統計量の分布であることに注意しましょう。もともとの確率変数が正規分布に従わないのであれば，統計量もこれらの標本分布には従いません。したがって，検定や推定を行う場合にも，あらかじめサンプルのヒストグラムや基本統計量くらいは確認して，正規分布から著しく逸脱した分布になっていないか，また著しい外れ値が存在しないかなどをきちんと確認しておくことが重要なのです。

章末問題

1. **正規分布について，次のなかから誤っている説明を選んでください。**
   (1) 正規分布の平均値は，分布の中心を表す母数である
   (2) 正規分布の分散は，分布のばらつきを表す母数である
   (3) 正規分布に歪みはない
   (4) 正規分布はすべての統計的検定の帰無仮説に使われる分布である

2. 次の確率分布のうち，正規分布の仮定を出発点として導かれる標本分布を 1 つ選んでください。

    (1) 二項分布

    (2) t 分布

    (3) ワイブル分布

    (4) ポアソン分布

3. 次の確率分布のうち，正規分布の仮定を出発点として導かれる標本分布以外の確率分布を 1 つ選んでください。

    (1) F 分布

    (2) t 分布

    (3) 多項分布

    (4) χ^2 分布

4. 正規分布 $N(\mu, \sigma^2)$ から得られる確率変数 X に対し，$Y = aX + b$ と変換したときの，Y の確率分布について，次のなかから正しい説明を選んでください。ただし，a と b は定数です。

    (1) Y は正規分布 $N(a\mu, \sigma^2)$ に従う

    (2) Y は正規分布 $N(a\mu + b, \sigma^2)$ に従う

    (3) Y は正規分布 $N(a\mu + b, a\sigma^2)$ に従う

    (4) Y は正規分布 $N(a\mu + b, a^2\sigma^2)$ に従う

5. 正規分布 $N(\mu, \sigma^2)$ から得られる n 個の観測値 $X_1, X_2, \cdots, X_n$ から得られる標本平均 $\bar{X} = (X_1 + X_2 + \cdots + X_n)/n$ の確率分布について，次のなかから正しい説明を選んでください。

    (1) $\bar{X}$ は，正規分布 $N(\mu, \sigma^2)$ に従う

    (2) $\bar{X}$ は，正規分布 $N(\mu, \sigma^2/n)$ に従う

    (3) $\bar{X}$ は，正規分布 $N(\mu, (\sigma/n)^2)$ に従う

    (4) $\bar{X}$ は，正規分布 $N(\mu, n\sigma^2)$ に従う

6. 次の確率分布のうち，自由度というパラメータを持たないものを選んでください。

    (1) t 分布

    (2) F 分布

    (3) ポアソン分布

    (4) χ^2 分布

第8章

検定と推定

　サンプリングによって得られた標本から，母集団の統計的性質に対して推測を行うことを統計的推測といいます。本章では，推測統計の根幹をなす仮説検定と推定の基本的な考え方について説明します。

　前章までの知識を用いて，具体的な分析を行います。本章以降の知識は実際に統計分析を行ううえで大切になりますので，少し聞きなれない言葉ですが，「帰無仮説」，「有意水準」，「棄却域」などの意味を理解して，使えるようにしておくことが重要です。

8-1　仮説検定

　観測された標本に基づき，母集団に対するある仮説が成り立つかどうかを判断することを**検定**，または**仮説検定**といいます。特に，統計学に則った検定という意味を込めて，**統計的仮説検定**ということもあります。ここでは，検定の基本的な事項について説明します。

●8-1-1 仮説検定の考え方

　たとえば，次のような例を考えてみましょう。

例8.1　小売業を営むA社のある店舗における，これまでの1日の売上高は平均が250.0（万円），標準偏差は30.0（万円）の正規分布 $N(250.0, 30.0^2)$ でほぼ近似できるものとします。A社ではこれまで比較的広い地域へチラシ広告を配布していましたが，その効果に疑問があがっていました。

　そこで，配布地域を近隣の地域に限定し，代わりにポイントカードで一定額の買い物をした顧客に対して優待券（クーポン）を発行して，その効果を検証することになりました。その効果が現れると考えられる十分な日数を置いてから，1日の売上高について，$n = 15$ 日分のデータを観測したところ，次のような結果となりました（ここでは，シンプルな例として，曜日効果やほかのイベント効果などはないものとします）。

$$293.5, \quad 284.0, \quad 238.5, \quad 276.0, \quad 293.0, \quad 287.5, \quad 265.5, \quad 246.0$$
$$339.5, \quad 258.5, \quad 223.5, \quad 261.5, \quad 288.0, \quad 228.0, \quad 247.5$$

（単位：万円）

　さて，広告戦略を変更したことによって，売上高に変化が生じたと言えるでしょうか？

　このような問題に答えるには，統計的なばらつきを考慮に入れた判断が必要です。15 日の売上実績を見ると，従来の平均値である 250.0（万円）よりも少ない日もあれば，多い日もあります。一方，この 15 日の売上データの平均をとってみると，$\bar{X} = 268.7$（万円）となります。従来の 250.0（万円）よりも大きい数字になっていますが，これはたまたま得られた偶然の数値であり，平均値は 250.0（万円）から変化していないと考えるべきでしょうか。それとも，平均値が 250.0（万円）から変化したと結論付けるべきでしょうか。このような課題に答えるのが，仮説検定です。

　一般に，仮説検定は**背理法**による手続きをとり，ある仮説のもとで計算される理論値に対し，実測値を照らし合わせたときに矛盾があるかどうかを検討します。このように，母集団に対して設定される検証対象の仮説を**帰無仮説**といい，H_0 で表します。帰無という言葉は，文字どおり「無に帰したい」という意味合いが込められており，仮説検定は，帰無仮説が統計的に否定されることを目指しています。一方，帰無仮説が成り立たないときに成り立つ仮説を**対立仮説**といい，H_1 で表します。

　ふたたび，先の具体例で話を進めましょう。いま，上の例の 15 日間のデータの不偏分散を計算してみると，$s^2 = 926.71$ となり，この値から計算される標準偏差は $s = 30.44$ です。

　従来の売上が従うとされている正規分布の標準偏差 30.0 とほとんど変わらないので，ここでは簡単に，標準偏差は変化していないと仮定します。

　ここで，広告戦略を変更したことによって売上高の分布が正規分布 $N(250.0, 30.0^2)$ から変化したかどうかを検証するため，変更後の平均 μ に対して，帰無仮説を

$$H_0 : \mu = 250.0$$

と設定します。これに対し，対立仮説は，広告戦略の変更によって売上の平均が変化したという仮説になるので，

$$H_1 : \mu \neq 250.0$$

となります。もし，観測した 15 日分のデータが変わらず，帰無仮説 H_0 に従うのであれば，正規分布 $N(250.0, 30.0^2)$ から自然に生起する標本が実際に観測されるでしょう。一方，もし正規分布 $N(250.0, 30.0^2)$ からは，きわめて小さい確率でしか生起しないような特異な観測値が得られているのであれば，平均値が 250.0 から変化したためであると結論付けるこ

とが自然でしょう。

　そこで，帰無仮説 H_0 が成り立つもとでの統計量の確率分布を考え，実際に観測された統計量がその分布に従っているかどうかについて，確率の低さという観点から判断を下すことを考えてみます。帰無仮説 H_0 が正しい場合の統計量 Y の確率分布を定めることができるものとしましょう。このような統計量は，検定に用いるための統計量という意味で**検定統計量**とも呼ばれます。この検定統計量の確率分布に対し，下側確率 $100(\alpha/2)\%$ のパーセント点を u_1，上側確率 $100(\alpha/2)\%$ のパーセント点を u_2 とすると，

$$P\{Y < u_1 \cup u_2 < Y\} = \alpha$$

となります。

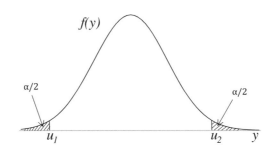

図 8.1: 帰無仮説が成り立っているときの統計量 Y の標本分布

　α を十分小さくとるとき，観測された標本から計算された統計量 y が $y < u_1$ または $u_2 < y$ を満たすなら，その結果は帰無仮説 H_0 が正しいもとではきわめて起こりにくい（確率 α 以下）と考えられます。そこで，「帰無仮説 H_0 は正しくない」と判定し（「帰無仮説を**棄却する**」といいます），「対立仮説 H_1 が正しい」と結論付けることができます。対立仮説 H_1 のほうが正しいとして採用することを，「対立仮説を**採択する**」といいます。このとき，判断の基準として設定する確率 α は**有意水準**と呼ばれ，分析の前に設定されますが，慣習としては $\alpha = 0.05(5\%)$ や $\alpha = 0.01(1\%)$ が使われます。一般的な仮説検定の結論の述べ方としては，「有意水準 α で，帰無仮説 H_0 は棄却され，対立仮説 H_1 が正しいと言える」という表現になります。また，帰無仮説 H_0 が棄却される範囲の「$y < u_1$ または $u_2 < y$」は**棄却域**と呼ばれます。

　一方，統計量 y が $u_1 \leq y \leq u_2$ を満たしているなら，そのような y は，帰無仮説 H_0 のもとで $1 - \alpha$ という高い確率で起こり得る結果ですから，帰無仮説 H_0 が間違っているとは言い切れません。この場合は，帰無仮説 H_0 を**棄却できず**，「帰無仮説が間違っているとは言えない」という結論になります。

　まとめると，統計的仮説検定の手順は以下のようになります。

1. 検証したい帰無仮説 H_0 と対立仮説 H_1，並びに有意水準 α を設定する。

2. 帰無仮説 H_0 のもとで，統計量 Y の標本分布を定め，棄却域を求める。

3. 実際に観測された標本から統計量 Y の実現値 y を計算する。

4. y が棄却域に入っているかどうかによって判定し，結論を述べる。

    (a) y が棄却域に入っていれば，「有意水準 α で，帰無仮説 H_0 は棄却され，対立仮説 H_1 が正しいと言える」と結論付ける。

    (b) y が棄却域に入っていなければ，「有意水準 α で，帰無仮説 H_0 は棄却されず，対立仮説 H_1 が正しいとは言えない」と結論付ける。

以上が，一般論としての仮説検定の手続きですが，この手続きは **p 値**という概念を用いてもよいでしょう。いま，観測された標本から計算される統計量 y が，帰無仮説 H_0 のもとで，どの程度，出現しやすい値であるのかを示す尺度を考えてみましょう。帰無仮説 H_0 のもとで成り立つ標本分布 $f(y)$ の期待値を $E[Y]$ として，$y \geq E[Y]$ に対しては，

$$P(Y > y) = \int_y^\infty f(t)dt$$

を，$y < E[Y]$ に対しては，

$$P(Y < y) = \int_{-\infty}^y f(t)dt$$

を考えると，これは「y よりも大きな値が出てくる確率」，または「y よりも小さな値が出てくる確率」を意味します。いわゆる，y よりも極端な値が生起する確率です。これを，統計量 Y の実現値 y の **p 値 (p-value)** といいます。得られた標本から計算される統計量 y に対して，この p 値が非常に小さい場合，このような y は「帰無仮説 H_0 のもとでは，めったに起こり得ないことが起こった」と解釈することができます。

    統計解析ソフトなどを用いて，データ分析をしていると，計算された統計量に付随して p 値が示されることがありますが，これは何らかの帰無仮説のもとに計算がなされていることに注意しましょう。多くの場合は，対象とする母数が 0 であることを帰無仮説として定義される統計量の分布に従って p 値が計算されているにも関わらず，そのことが暗黙的な了解事項として必ずしも明示されないことがあります。

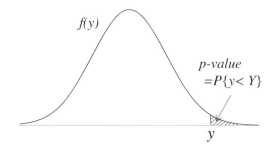

$f(y)$

$p\text{-}value$
$=P\{y < Y\}$

y

図 8.2: 検定統計量 y の p 値 (p-value)

　先の検定の手続きでは，下側確率 $100(\alpha/2)\%$ のパーセント点を u_1，上側確率 $100(\alpha/2)\%$ のパーセント点を u_2 とし，「$y < u_1$ または $u_2 < y$ となる領域」を棄却域としました。検定統計量の値がこの棄却域にあれば，帰無仮説 H_0 を棄却し，対立仮説 H_1 を採択することになります。一方，検定統計量 y の p 値が $\alpha/2$ より小さいことと，y が棄却域に存在することは等価です。

　したがって，統計的仮説検定の手順は以下のようにしても結果は等価です。

仮説検定の手続き (2)

1. 検証したい帰無仮説 H_0 と対立仮説 H_1，並びに有意水準 α を設定する。
2. 帰無仮説 H_0 のもとで，統計量 Y の標本分布を定める。
3. 実際に観測された標本から統計量 Y の実現値 y を計算する。
4. y の p 値と $\alpha/2$ の大小関係によって結果を判定し，結論を述べる。
   - (a) y の p 値が $\alpha/2$ よりも小さければ，「有意水準 α で，帰無仮説 H_0 は棄却され，対立仮説 H_1 が正しいと言える」と結論付ける。
   - (b) y の p 値が $\alpha/2$ よりも大きければ，「有意水準 α で，帰無仮説 H_0 は棄却されず，対立仮説 H_1 が正しいとは言えない」と結論付ける。

● 8-1-2 両側検定と片側検定

　本章の冒頭にあげた例 8.1 では，「広告戦略を変更したことによって，売上高の平均値に変化が生じたかどうか？」が問題でした。つまり，「売上高の平均値は上がったかもしれないし，下がったかもしれない」という状況で検定を考えているわけです。そのため，棄却域を「$y < u_1$ または $u_2 < y$ となる領域」と，検定統計量の確率分布の両側にとっています。このような検定を**両側検定**といいます。

　一方，例 8.1 において，「広告戦略を変更したことによって，売上高の平均値が向上したかどうか？」という疑問について，仮説検定によって結論付けたい場合があります。この場合，帰無仮説 H_0 は変わらず，

$$H_0 : \mu = 250.0$$

ですが，対立仮説は，広告戦略の変更によって売上の平均が向上したという仮説になるので，

$$H_1 : \mu > 250.0$$

となります。この場合，平均値が大きくなったかどうかに焦点があるため，帰無仮説の棄却域は「$u < y$」のように片側だけに設定されます。このような検定を**片側検定**といいます。

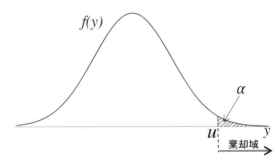

図 8.3: 片側検定の棄却域

両側検定と片側検定は，明らかにしたい対立仮説の置き方によって適切に使い分ける必要があります。

● 8-1-3 仮説検定の誤り

先にも述べましたが，仮説検定は背理法をもとにした判断に基づいており，その際の矛盾は「確率的に可能性が低い」という意味で示されるものです。有意水準 α よりも低い可能性がある帰無仮説は棄却しようという発想のため，この判断は小さい確率で誤っている可能性があります。つまり，本当は帰無仮説 H_0 が正しいにもかかわらず，たまたま標本から計算される統計量の値が棄却域に入ってしまう場合には，検定の結果は誤りとなります。このような検定結果の誤りを**第 1 種の誤り**といいます。この誤りの確率は，有意水準として設定した α であり，これを小さくするためには有意水準 α を小さくするしかありません。

一方で，対立仮説 H_1 が正しいにもかかわらず，検定統計量が棄却域に入らず，帰無仮説 H_0 が棄却されないという誤りも起こり得ます。このような誤りを**第 2 種の誤り**といいます。この誤りは，対立仮説が正しかったときの統計量の確率分布に依存します。例 8.1 で言えば，売上の母平均が大きく変化していれば，第 2 種の誤りは小さくなるでしょう。逆に，売上の母平均の変化が微小であれば，第 2 種の誤りは大きくなってしまいます。

片側検定を行う際に，対立仮説が真である場合を考えてみましょう。帰無仮説 H_0 のもとで統計量 Y が従う確率分布を $f_0(y)$ とし，対立仮説 H_1 が正しいもとでの真の統計量の確率分布を $f_1(y)$ とします。このとき，棄却域は帰無仮説 H_0 が成り立つと仮定した確率分布 $f_0(y)$ に対して，有意水準 α を満たすように設定されます。一方，真の確率分布は $f_1(y)$ に従っているので，図 8.4 に示す斜線部分の確率 β が第 2 種の誤りの確率となります。

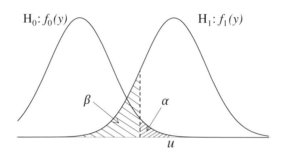

図 8.4: 第 1 種の誤り α と第 2 種の誤り β

図 8.4 より，$f_0(y)$ と $f_1(y)$ が固定であれば，第 1 種の誤り率 α を小さくすればするほど，第 2 種の誤り率 β が大きくなることが理解できるでしょう。つまり，第 1 種の誤りと第 2 種の誤りには**トレードオフの関係**があるのです。したがって，有意水準 α は小さければ小さいほどよいというわけではなく，実務において経験的によいとされている 0.05 や 0.01 がとられることが多いのはそのためです。

また，対立仮説 H_1 が正しいとしたときの確率分布 $f_1(y)$ によって計算される第 2 種の誤り率は小さいほうがよいですが，これは $1 - \beta$ が大きいほうがよいということと等価です。この $1 - \beta$ は，対立仮説 H_1 が正しいときに，正しく H_0 が棄却され，H_1 が採択される確率を表しており，**検出力**と呼ばれています。

● 8-1-4 母平均の仮説検定

ここでは，例 8.1 を具体的な例にとって，母平均の仮説検定の手順について説明しましょう。帰無仮説は，

$$H_0 : \mu = 250.0$$

であり，対立仮説は

$$H_1 : \mu \neq 250.0$$

です。有意水準は 0.05 としましょう。

　帰無仮説 H_0 のもとで，検定統計量 $\bar{X}$ の確率分布を考えると，標本数が $n = 15$ であることから，

$$Z = \frac{\bar{X} - 250.0}{30/\sqrt{15}} \sim N(0, 1^2)$$

となります。標本から計算された Z の実現値を z としたとき，標準正規分布における有意水準 $\alpha = 0.05$ の両側棄却域は，「$z < -1.960$ または $1.960 < z$」です。

　一方，標本から計算される標本平均は $\bar{X} = 268.7$ ですので，検定統計量は，

$$z = \frac{268.7 - 250.0}{30/\sqrt{15}} = 2.414$$

となります。この値は $1.960 < z = 2.414$ を満たすので，棄却域にあります。したがって有意水準 5% のもとで帰無仮説は棄却され，「広告戦略の変更によって平均値は変化した」という結論になります。

　ちなみに，有意水準を $\alpha = 0.01$ とした場合には，棄却域が「$z < -2.576$ または $2.576 < z$」となるので，帰無仮説は棄却されないことになります。一般に，有意水準 5% で帰無仮説が棄却される場合には**有意**，または **5% 有意**といい，有意水準 1% で帰無仮説が棄却される場合には**高度に有意**，または **1% 有意**といいます。

8-2　統計的推定

　観測された標本に基づき，母集団の統計的性質について推測することを**推定**，または**統計的推定**といいます。ここでは，推定の基本的な事項について説明します。

● 8-2-1　推定の考え方

　推定とは，観測された標本に基づいて母集団の統計的性質について推測を行うことを指します。一般的には，母集団の確率分布としてパラメータで分布形が決まる確率モデルを仮定し，そのパラメータ（母数）の値を推定することになります。その推定の方法には，**点推定**と**区間推定**があります。

点推定：母数を 1 つの値で推定する方法であり，標本の観測値から具体的に計算された値

を**推定値**といいます。標本データから推定値への関数によって定義される確率変数を**推定量**といいます。推定量の実現値が推定値です。次のデータの予測をしたい場合には、母数の点推定値を用いて予測をする方法が簡便です。

区間推定：母数が存在するであろう範囲（区間）を示す方法です。区間推定では、「100(1 − α) % の確率で、この区間内に推定値が入るような母数の範囲」といった推定の仕方になります。母数の存在範囲を区間で明らかにする必要性がある場合には、この方法が採用されます。

● 8-2-2 点推定

　ここでは、正規分布の例を用いて、点推定の方法について説明します。正規分布は平均 μ と分散 σ^2 の 2 つの母数を持つ確率分布ですので、点推定の問題では、観測された標本 X_1, $X_2, \cdots, X_n$ から、どのように平均 μ と分散 σ^2 を推定するかという問題になります。

　標本 $X_1, X_2, \cdots, X_n$ のように観測されたデータを所与とし、その確率や確率密度をパラメータ（母数）の関数としてみたものを**尤度関数**（ゆうどかんすう）といいます。

　確率的な可能性を考えるなら、目の前で観測された標本データは、母集団から生起しやすい、つまり確率の高いデータと考えられるでしょう。もし、確率は低いのであれば、そのような標本データは観測されないはずです。そこで、尤度関数を最大化するような、パラメータ（母数）μ, σ^2 を推定量とする方法が考えられます。このような推定量を**最尤推定量**（さいゆうすいていりょう）といいます。

　正規分布に対する μ の最尤推定量は算術平均

$$\hat{\mu} = \frac{1}{n} \sum_{i=1}^{n} X_i$$

で与えられることが知られています。つまり、$\hat{\mu} = \bar{X}$ です。一方、σ^2 の最尤推定量は

$$\hat{\sigma}^2 = \frac{1}{n} \sum_{i=1}^{n} (X_i - \bar{X})^2$$

となります。

　最尤推定量は、観測されたデータがもっとも起こりやすそうなパラメータという意味で合理的な推定と考えられますが、ほかの基準に基づく推定も考えられます。たとえば、パラメータ μ, σ^2 が真であったとき、個々から得られる標本を用いて計算した推定量 $\hat{\mu}$, $\hat{\sigma}^2$ は確率変数であり、ばらついてしまいます。そのため、推定量 $\hat{\mu}$, $\hat{\sigma}^2$ が真値である μ, σ^2 から多少ずれていることは仕方ありません。しかし、真の確率分布から計算される推定量の期待値は、

$$E[\hat{\mu}] = \mu$$
$$E[\hat{\sigma}^2] = \sigma^2$$

を満たしておいてほしいという要請は自然なものでしょう。このように，推定量の期待値が推定したいパラメータと一致しているような推定量を**不偏推定量**といいます。

　まず，算術平均

$$\hat{\mu} = \frac{1}{n}\sum_{i=1}^{n}X_i$$

は最尤推定量でしたが，不偏推定量にもなっています。

　一方，σ^2 の最尤推定量 $\hat{\sigma}^2$ は不偏推定量ではありません。実は

$$\sum_{i=1}^{n}E\left[(X_i - \bar{X})^2\right] = (n-1)\sigma^2$$

であることが知られています。もし，σ^2 の不偏推定量を構成するのであれば，自然に，

$$\hat{\sigma}^2 = \frac{1}{n-1}\sum_{i=1}^{n}(X_i - \bar{X})^2$$

という式が導かれます。この推定量は，**不偏分散**と呼ばれ，分散の推定量として広く用いられています。以上をまとめると，正規母集団のパラメータに対する点推定は次のようになります。

正規分布の推定量

n 個の確率変数 $X_1, X_2, \cdots, X_n$ が，平均 μ，分散 σ^2 を持つ母集団確率分布からのランダムサンプルとする。平均 μ の最尤推定量と不偏推定量はともに標本平均

$$\hat{\mu} = \frac{1}{n}\sum_{i=1}^{n}X_i$$

で与えられる。一方，分散 σ^2 の最尤推定量は，標本分散

$$\hat{\sigma}^2 = \frac{1}{n} \sum_{i=1}^{n} (X_i - \bar{X})^2$$

で与えられる。分散 σ^2 の不偏推定量は，不偏分散

$$\hat{\sigma}^2 = \frac{1}{n-1} \sum_{i=1}^{n} (X_i - \bar{X})^2$$

で与えられる。

　一般に，母集団が正規分布に従うときには，慣例として標本平均と不偏分散が用いられることが多いですが，データ数 n が大きい場合には，標本分散と不偏分散の差は微小なものとなります。正規分布以外の確率モデルにおいて大規模なデータを扱う場合には，最尤推定量のほうが扱いやすいことも多く，用途によって使い分けられています。

●8-2-3 区間推定

　前項で解説した点推定では，パラメータの推定値を単一の数値によって与えていました。しかし，推定量は確率変数であり，標本数 n が有限の場合には一定の不確実性を持っています。一方，推定量の確率分布が既知なら，ある確率で推定量が存在する区間を示すことが可能です。この性質を用いてある確率でパラメータが存在するであろう区間を示す推定法は**区間推定**と呼ばれ，推定した区間は**信頼区間**と呼ばれます[1]。また，この信頼区間のなかに真のパラメータが存在する確率を**信頼係数**，または**信頼度**といいます。信頼係数は％で表示されるのが一般的です。区間推定では，あらかじめ設定した信頼係数のもとで，観測された標本データから，パラメータが存在するであろう信頼区間を求めることになります。

　ふたたび，具体例を用いて考えてみましょう。いま，母集団の平均値 μ を区間推定することを考えてみます。母集団分布が正規分布 $N(\mu, \sigma^2)$ であるとき，標本平均 $\bar{X}$ は正規分布 $N(\mu, \sigma^2/n)$ に従います。母集団の確率分布が正規分布でなくても，中心極限定理より，標本数 n が十分大きければ[2]，近似的に正規分布 $N(\mu, \sigma^2/n)$ に従います。σ^2 は既知とし，

$$Z = \frac{\bar{X} - \mu}{\sigma/\sqrt{n}}$$

---

[1] 正しくはパラメータ（母数）は確率変数ではないので，「ある確率でパラメータが存在する区間」という記述は正確ではありません。しかし，このような表現は理解しやすく，実務上は大きな問題とならないため，このような説明をしておきます。パラメータに事前分布を仮定する**ベイズ統計**の枠組みでは，パラメータも確率変数として扱うため，自然と「ある確率でパラメータが存在する区間」を定義することができます。

[2] 実務上は，標本数 n が 30 程度以上あれば，正規分布で近似してもさしつかえないと言われています。

と基準化した統計量 Z を考えると, Z は標準正規分布 $N(0,1^2)$ に従うことになります。信頼係数を 95% とすると, 標準正規分布に従う統計量 Z に対しては, 先ほどと同様に, 両側棄却域の考えを用いて,

$$P\{-1.96 < Z < 1.96\} = 0.95$$

が成り立つので, ここに Z の定義式を代入すると,

$$
\begin{aligned}
P\{-1.96 < Z < 1.96\} &= P\left(-1.96 < \frac{\bar{X} - \mu}{\sigma/\sqrt{n}} < 1.96\right) \\
&= P\left(\bar{X} - 1.96\frac{\sigma}{\sqrt{n}} < \mu < \bar{X} + 1.96\frac{\sigma}{\sqrt{n}}\right) \\
&= 0.95
\end{aligned}
$$

となります。したがって, 観測データから算術平均 $\bar{x}$ が与えられたときの信頼係数 95% に対する μ の信頼区間は,

$$\bar{x} - 1.96\frac{\sigma}{\sqrt{n}} < \mu < \bar{x} + 1.96\frac{\sigma}{\sqrt{n}}$$

で与えられます。標準正規分布の上側確率 100α % のパーセント点を $z(\alpha)$ とすると, 一般的に信頼係数 100α % の信頼区間は,

$$\bar{x} - z(\alpha/2)\frac{\sigma}{\sqrt{n}} < \mu < \bar{x} + z(\alpha/2)\frac{\sigma}{\sqrt{n}}$$

で与えられることがわかります。

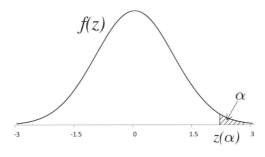

図 8.5: 標準正規分布のパーセント点

母分散 σ^2 がわからない場合には, 不偏分散 $S^2 = \frac{1}{n-1}\sum_{i=1}^{n}(X_i - \bar{X})^2$ を用いて σ^2 を推定

し，統計量

$$T = \frac{\bar{X} - \mu}{S/\sqrt{n}}$$

を用います。一般に，この統計量は標準正規分布に従うとは言えませんが，標本数 n が 30 以上と十分大きい場合には，S^2 は σ^2 を十分精度よく推定できていると仮定できますので，標準正規分布と見なして信頼区間を求めても大きな問題はありません。しかし，標本数 n が小さいときには，統計量 T は S がばらつく分だけ，標準正規分布よりも裾の広がった分布になってしまいます。この場合でも，標本が正規母集団からの無作為標本と仮定すれば，統計量 T は自由度 $n-1$ の t 分布に従います。この性質を用いて，その上側確率 100α % のパーセント点を $t_{n-1}(\alpha)$ とすれば，信頼係数 100α % の信頼区間は，

$$\bar{x} - t_{n-1}(\alpha/2)\frac{s}{\sqrt{n}} < \mu < \bar{x} + t_{n-1}(\alpha/2)\frac{s}{\sqrt{n}}$$

で与えられます。以上をまとめると，母平均の区間推定は以下の手順で行います。

母平均の区間推定

n 個の標本 (確率変数) $X_1, X_2, \cdots, X_n$ が，平均 μ，分散 σ^2 を持つ母集団からのランダムサンプルとする。σ^2 が既知の場合には，$\bar{X}$ の分布は正規近似できるため，信頼係数 100α % の信頼区間は，

$$\bar{x} - z(\alpha/2)\frac{\sigma}{\sqrt{n}} < \mu < \bar{x} + z(\alpha/2)\frac{\sigma}{\sqrt{n}}$$

で与えられる。
一方，σ^2 が未知の場合には，不偏分散 s^2 を用いて，信頼係数 100α % の信頼区間は，

$$\bar{x} - t_{n-1}(\alpha/2)\frac{s}{\sqrt{n}} < \mu < \bar{x} + t_{n-1}(\alpha/2)\frac{s}{\sqrt{n}}$$

で与えられる。

これらの区間推定の結果より，信頼区間は標本数 n を増やしていくと，$1/\sqrt{n}$ に比例する形で狭まっていくことがわかります。標本数 n を確保することが推定精度を高めるという事実がここからも読み取れますが，実際にはデータ観測のコストと推定精度のバランスを考えたサンプリングの設計が必要です。100 個の標本を 10,000 と 100 倍に増やしても，信頼区間は 1/10 にしかならないからです。

本文でも説明しましたが，統計学における検定は，背理法に基づいて帰無仮説を棄却し，対立仮説を採択することが主たる目的となります。基本的には「帰無仮説が成り立たないことを示したい」という思惑のために，サンプルが観測され，帰無仮説との整合性を確率的な基準によって評価しているのです。

　そのため，仮説検定の結論の述べ方については注意が必要です。帰無仮説から計算されるサンプルデータの p 値が，事前に設定した有意水準よりも小さければ，「（帰無仮説は成り立っておらず）対立仮説が成り立っている」と積極的な言葉で結論付けることができます。しかし，サンプルデータの p 値が有意水準よりも大きい場合，これは「帰無仮説が成り立っている」ことを示す根拠にはなりません。「帰無仮説から観測されたサンプルデータが出てくる可能性は十分ありえる」ことから，「対立仮説が成り立っているとは言い切れない」という弱い結論になります。この点については注意が必要です。

　また，統計的仮説検定では「判断の誤り」が確率的に小さいことを，有意水準によって保証します。たとえば，有意水準を 5% とした場合，これはサンプルデータを繰り返し取り直して，同じ検定を 100 回繰り返したら，そのうちの 5 回程度の判断の誤りは許容しようとする基準です。そのため，「たくさんの変数からなるデータを n 個観測して，この n 個の多次元データセットから，これらの各変数間の統計的な関係性を検定しよう」という場合には注意が必要です。たとえば，j 番目のデータ $\boldsymbol{x}_j$ が d 個の変数からなっており，$\boldsymbol{x}_j = (x_{j1}, x_{j2}, \cdots x_{jd})$ のように与えられているとき，「1 番目の変数と 2 番目の変数に統計的関係性があるか？」，「1 番目の変数と 3 番目の変数は？」，…，「$d-1$ 番目の変数と d 番目の変数は？」とたくさんの組み合わせに対して検定することになりそうです。有意水準 5% は「100 回のうち 5 回程度は誤りを許容する」という意味ですから，変数の組み合わせが多くなると，たとえすべての変数間で統計的な関係性がなかったとしても，5% くらいの変数の組み合わせについては，たまたま帰無仮説が棄却され「統計的な関係性がある」という結果になってしまいます。このように，一度に複数の仮説を検定することは多重検定と呼ばれており，単純に 1 つのサンプルデータセットから 1 つの仮説を検定する場合とは分けて考える必要がありますので注意しましょう。

章末問題

1. **統計的仮説検定について，次のなかから誤っている説明を選んでください。**
   (1) 統計的仮説検定では，帰無仮説を立てることが必要である
   (2) 統計的仮説検定では，有意水準を設定することが必要である
   (3) 統計的仮説検定では，p 値を設定することが必要である
   (4) 統計的仮説検定では，統計量を算出することが必要である

2. **仮説検定における第 1 種の誤りについて，次のなかから正しい説明を選んでください。**
   (1) 第 1 種の誤りとは，帰無仮説が成り立っているときに誤って対立仮説を採択してしまう事象である
   (2) 第 1 種の誤りとは，対立仮説が成り立っているときに誤って帰無仮説を採択してしまう事象である
   (3) 第 1 種の誤りとは，5% 以下の確率で生起する誤りの事象を指す
   (4) 第 1 種の誤りとは，1% 以下の確率で生起する誤りの事象を指す

3. **仮説検定における第 2 種の誤りについて，次のなかからもっとも正しい説明を選んでください。**
   (1) 第 2 種の誤りとは，帰無仮説が成り立っているときに誤って対立仮説を採択してしまう事象である
   (2) 第 2 種の誤り確率は，サンプルサイズを増やすと小さくすることができる
   (3) 統計的仮説検定では，通常，第 2 種の誤りの確率が望む数値以内になるように棄却域を設定する
   (4) 第 1 種の誤りと第 2 種の誤りをともに小さくするように，棄却域を決定しなければならない

4. **正規分布に従うサンプルの標準偏差は $\sigma = 10.0$ で既知とし，平均が $\mu = 50$ であるかどうかの検定を行うことを考えます。いま，25 個のサンプル $x_1, x_2, \cdots, x_{25}$ を観測し，その平均値を計算したところ，$\bar{X} = 55.0$ となりました。有意水準 5% の検定を行うために，標準正規分布の両側 5% のパーセント点である 1.96 と比較するための統計量として次のなかから正しいものを選んでください。**
   (1) $(55.0 - 50.0)/10.0$
   (2) $(55.0 - 50.0)/5.0$
   (3) $(55.0 - 50.0)/2.0$
   (4) $(55.0 - 50.0)/0.4$

5. 統計的仮説検定における検出力の説明として，次のなかから正しいものを選んでください。
   (1) ある設定した対立仮説が成り立っているときに，帰無仮説を棄却できる確率である
   (2) ある設定した帰無仮説が成り立っているときに，対立仮説を棄却できる確率である
   (3) データに誤差が混入した際に，その誤差を正しく検出することができる確率である
   (4) データに異常値が混入した際に，その異常値を正しく検出することができる確率である

6. 点推定の説明として，次のなかから正しいものを選んでください。
   (1) 点の位置を推測したものが点推定である
   (2) 母集団から得られるデータ点を推測したものが点推定である
   (3) 点推定には唯一の正しい推定式が存在する
   (4) 母数を 1 つの数値で推測したものが点推定である

7. 正規分布に従うある母集団からランダムに 5 つのデータを観測したら，2, 4, 5, 6, 8 という値が観測されました。この 5 つのデータから母平均を点推定するとき，次のなかからもっともふさわしい値を選んでください。
   (1) 4.0
   (2) 4.5
   (3) 5.0
   (4) 5.5

8. 区間推定について，次のなかから正しい説明を選んでください。
   (1) 信頼度を高くすると信頼区間が広くなる場合がある
   (2) 信頼区間は広ければ広いほどよい
   (3) 観測するデータ数を増やすことで，信頼区間が狭くなることがある
   (4) 信頼区間は一般に分析者が望ましいと考える幅で決めるものである

9. $X_1, X_2, \cdots, X_n$ が，互いに独立に正規分布に従うと仮定するとき，

$$\bar{X} = \frac{X_1 + X_2 + \cdots + X_n}{n}$$

について，次のなかから誤っている説明を選んでください。
   (1) $\bar{X}$ はばらつきを持つ
   (2) $\bar{X}$ の期待値は，n によっては変わらない
   (3) $\bar{X}$ は母分散の推定量である
   (4) $\bar{X}$ は n が大きいほど，推定精度が高い

10. $X_1, X_2, \cdots, X_n$ が，お互い独立に正規分布に従うと仮定するとき，その平均値の推定量として，

$$\bar{X} = \frac{X_1 + X_2 + \cdots + X_n}{n}$$

が使われる理由として，次のなかから誤っている説明を次から選んでください。

(1) 最尤推定量であるため

(2) 不偏推定量であるため

(3) 有効推定量であるため

(4) ベイズ推定量であるため

11. $X_1, X_2, \cdots, X_n$ が，お互い独立に正規分布 $N(\mu, \sigma^2)$ に従うと仮定し，その平均値 μ が既知のとき，σ^2 の不偏推定量 $\hat{\sigma}^2$ として適切なものを次のなかから選んでください。

(1) $\hat{\sigma}^2 = \dfrac{1}{n} \displaystyle\sum_{i=1}^{n} (X_i - \mu)^2$

(2) $\hat{\sigma}^2 = \dfrac{1}{n-1} \displaystyle\sum_{i=1}^{n} (X_i - \mu)^2$

(3) $\hat{\sigma}^2 = \dfrac{1}{n} \displaystyle\sum_{i=1}^{n} |X_i - \mu|$

(4) $\hat{\sigma}^2 = \dfrac{1}{n-1} \displaystyle\sum_{i=1}^{n} |X_i - \mu|$

母平均の検定と推定

本章では，応用上とても重要な正規母集団の母平均に関する検定について，さまざまなバリエーションを解説します。検定は分析の目的や得られる標本によって，検定の方法や検定統計量の確率分布が異なるので，実際の問題に合わせて適切な検定のプロセスを選択できるようになる必要があります。

さまざまな検定方法が紹介されていますが，基本的な考え方は共通しています。検定や推定のやり方を理解するために数式を用いていますが，これらを覚える必要はありません。それぞれの手法の前提や方法論の違いを理解しましょう。

 ## 母平均の検定

n 個の標本 (確率変数) $X_1, X_2, \cdots, X_n$ が，正規母集団からのランダムサンプルであるとします。ここで，過去の経験から母平均が μ_0 であることがわかっていた母集団に対し，この平均値の変化が予期されるような状況が生じたものとします。そこで，実際に平均値に変化が生じたのかどうかについて，データを採取して検定を行うことを考えます。このような場面は，次のような事例が考えられます。

- ある設備機械が製品を安定して生産しており，その製品のある品質特性値は $N(\mu_0, \sigma^2)$ に従っている。この機械設備のメンテナンスを終え，再稼働したとき，再稼働後のデータから品質特性の平均に変化がないかどうかを検証したい。
- ある車種の燃費は $N(\mu_0, \sigma^2)$ に従っていることがわかっている。いま，燃料にある添加物を加えると燃費が改善する可能性があることがわかった。そこで，実際に添加物を加えて走行実験を行った結果から，燃費の改善が認められるかどうかを検証したい。
- ある EC サイトにおける 1 日の売上高は，$N(\mu_0, \sigma^2)$ に従うことがわかっている。この EC サイトの売上を向上させるための施策として，新しい商品推薦ツールを導入した。その効果を確認するため，実際の売上高のデータから，売上が向上したかどうかを検証したい。

このとき，標本データが従う母集団の母平均 μ が，もとの平均 μ_0 と同じかどうかを検定するので，帰無仮説は，

$$H_0 : \mu = \mu_0$$

となります。一方，検証したい問題が「母平均が μ_0 から変化したかどうか」であれば，対立仮説は，

$$H_1 : \mu \neq \mu_0$$

となり**両側検定**が行われますが，「母平均が μ_0 よりも大きくなったかどうか」を検定したい場合には，対立仮説は，

$$H_1 : \mu > \mu_0$$

となり，**片側検定**が行われます。検証したい問題が「母平均が μ_0 よりも小さくなったかどうか」を検定したい場合には，対立仮説は，

$$H_1 : \mu < \mu_0$$

となります。また，母平均の検定は，主に母分散 σ^2 が既知の場合と未知の場合で用いる統計量が異なることに注意しましょう。

● 9-1-1 母分散がわかっている場合の母平均の検定

母分散 σ^2 が既知の場合，正規母集団から得られる統計量

$$Z = \frac{\bar{X} - \mu}{\sigma / \sqrt{n}}$$

は標準正規分布に従います。この事実を用いて，母分散 σ^2 が既知の場合の両側検定の手順は以下のようになります。有意水準 α のとき，両側に $\alpha/2$ ずつの棄却域をとるので，用いるパーセント点は $z(\alpha/2)$ であることに注意してください。

─── **母分散 σ^2 が既知の場合の母平均の検定（両側検定）** ───────
1. 帰無仮説 $H_0 : \mu = \mu_0$ と対立仮説 $H_1 : \mu \neq \mu_0$，並びに有意水準 α を設定する。

2. 実際に観測された標本から標本平均 $\bar{x}$ を求め,統計量 Z の実測値

$$z = \frac{\bar{x} - \mu_0}{\sigma/\sqrt{n}}$$

を計算する。

3. 帰無仮説 $H_0 : \mu = \mu_0$ のもとで,統計量 Z は標準正規分布に従うことから,有意水準 α のもとで,棄却域は,

$$z < -z(\alpha/2),\ \text{または}\ z(\alpha/2) < z$$

となる。

4. 統計量の実測値 z が棄却域に入っているかどうかによって判定し,結論を述べる。
   (a) z が棄却域に入っていれば,「有意水準 α で,帰無仮説 H_0 は棄却され,対立仮説 H_1 が正しいと言える」と結論付ける。
   (b) z が棄却域に入っていなければ,「有意水準 α で,帰無仮説 H_0 は棄却されず,対立仮説 H_1 が正しいとは言えない」と結論付ける。

5. 統計量の実測値 z が棄却域に入り,対立仮説 H_1 が採択される場合には,次式によって μ の区間推定を行う。

$$\bar{x} - z(\alpha/2)\frac{\sigma}{\sqrt{n}} < \mu < \bar{x} + z(\alpha/2)\frac{\sigma}{\sqrt{n}}$$

　一方,片側検定の手順については,「平均が μ_0 よりも大きくなったかどうか」を検定したい場合,つまり対立仮説が $H_1 : \mu > \mu_0$ の場合について,検定手順を示してみましょう。

── 母分散 σ^2 が既知の場合の母平均の検定（片側検定）──

1. 帰無仮説 $H_0 : \mu = \mu_0$ と対立仮説 $H_1 : \mu > \mu_0$,並びに有意水準 α を設定する。

2. 実際に観測された標本から標本平均 $\bar{x}$ を求め,統計量 Z の実測値

$$z = \frac{\bar{x} - \mu_0}{\sigma/\sqrt{n}}$$

を計算する。

3. 帰無仮説 $H_0 : \mu = \mu_0$ のもとで，統計量 Z は標準正規分布に従うことから，有意水準 α のもとで，棄却域は，

$$z(\alpha) < z$$

となる。

4. 統計量の実測値 z が棄却域に入っているかどうかによって判定し，結論を述べる。
   (a) z が棄却域に入っていれば，「有意水準 α で，帰無仮説 H_0 は棄却され，対立仮説 H_1 が正しいと言える」と結論付ける。
   (b) z が棄却域に入っていなければ，「有意水準 α で，帰無仮説 H_0 は棄却されず，対立仮説 H_1 が正しいとは言えない」と結論付ける。

5. 統計量の実測値 z が棄却域に入り，対立仮説 H_1 が採択される場合には，次式によって μ の区間推定を行う。

$$\bar{x} - z(\alpha/2)\frac{\sigma}{\sqrt{n}} < \mu < \bar{x} + z(\alpha/2)\frac{\sigma}{\sqrt{n}}$$

例 9.1 第 8 章 8-1-1 の例 8.1 のケースに対して，1 日の売上高が向上したかどうかを仮説検定によって検証してみましょう。従来の売上は，正規分布 $N(250.0, 30.0^2)$ に従うことがわかっています。帰無仮説は，

$$H_0 : \mu = 250.0 \,(\text{万円})$$

です。これに対して，「売上高が向上したかどうか」を確認するため，ここでは対立仮説を

$$H_1 : \mu > 250.0 \,(\text{万円})$$

として議論を進めましょう。有意水準は，慣例に従って $\alpha = 0.05$ としておきます。データから計算される標本平均は，$\bar{x} = 268.7$（万円）です。統計量 Z の実測値 z を計算すると[1]，

$$z = \frac{268.7 - 250.0}{30.0/\sqrt{15}} \fallingdotseq 2.414$$

---

[1] この時点で確率変数 Z の実現値として，ある計算された値が入るので，あえて小文字の z を用いて区別しています。

118

となります。

　一方，標準正規分布の上側確率 $100\alpha = 5\%$ のパーセント点が $z(0.05) = 1.645$ である
ので，有意水準 $\alpha = 0.05$ のときの棄却域は $z > 1.645$ で与えられます。標本から計算され
た統計量の実測値は，

$$z = 2.414 > z(0.05) = 1.645$$

ですので，有意水準 5% で帰無仮説は棄却され，売上高の平均値は向上したと言えます。な
お，有意水準を 1% とした場合にも，$z(0.01) = 2.326$ であり，$z = 2.414$ は棄却域に入る
ので，帰無仮説は棄却されます。結論として，「有意水準 1% においても帰無仮説は棄却さ
れ，売上高の平均値は向上したと言える」ということになります。

　さて，平均値は向上したと言えたので，最後にその推定値を示しておきます。平均値の点
推定値は，標本平均 $\bar{x} = 268.7$（万円）です。また，$z(0.025) = 1.960$ であるので，

$$z(\alpha/2)\frac{\sigma}{\sqrt{n}} = z(0.025)\frac{30.0}{\sqrt{15}} \fallingdotseq 15.182$$

となり，95% 信頼区間は，

$$268.7 - 15.182 < \mu < 268.7 + 15.182$$

となります。結論として，平均値は信頼係数 95% で，区間 $253.52 < \mu < 283.88$ に存在
すると言えます。

●9-1-2 母分散がわかっていない場合の母平均の検定

　母分散 σ^2 が未知の場合には，不偏分散 S^2 を用いて計算される統計量

$$T = \frac{\bar{X} - \mu}{S/\sqrt{n}}$$

が，自由度 $n-1$ の t 分布に従うことを用いて検定を行います。まず，両側検定の手順は
以下のようになります。ただし，$t_{n-1}(\alpha)$ は，自由度 $n-1$ の t 分布における上側確率 α と
なるパーセント点です。

　なお，統計解析ソフトなどを用いて，データ分析をしていると，計算された統計量に付随
して t 値が示されることがありますが，これはこの統計量が t 分布に従うものであるため

す。t値の値によって，その統計量が，おおよそ統計的有意であるか否かを判断することができますが，これは母分散が未知の場合の平均値の検定を行っていることとほぼ等価と言えるでしょう。

次に，母分散 σ^2 が未知の場合の母平均の両側検定の手順を示します。

── 母分散 σ^2 が未知の場合の母平均の検定（両側検定）──

1. 帰無仮説 $H_0 : \mu = \mu_0$ と対立仮説 $H_1 : \mu \neq \mu_0$，並びに有意水準 α を設定する。

2. 実際に観測された標本から標本平均 $\bar{x}$ と不偏分散 s^2 を求め，統計量 T の実測値

$$t = \frac{\bar{x} - \mu_0}{s/\sqrt{n}}$$

を計算する。

3. 帰無仮説 $H_0 : \mu = \mu_0$ のもとで，統計量 T は自由度 $n-1$ の t 分布に従うことから，有意水準 α のもとで，棄却域は，

$$t < -t_{n-1}(\alpha/2), \ \text{または} \ t_{n-1}(\alpha/2) < t$$

となる。

4. 統計量の実測値 t が棄却域に入っているかどうかによって判定し，結論を述べる。
   (a) t が棄却域に入っていれば，「有意水準 α で，帰無仮説 H_0 は棄却され，対立仮説 H_1 が正しいと言える」と結論付ける。
   (b) t が棄却域に入っていなければ，「有意水準 α で，帰無仮説 H_0 は棄却されず，対立仮説 H_1 が正しいとは言えない」と結論付ける。

5. 統計量の実測値 t が棄却域に入り，対立仮説 H_1 が採択される場合には，次式によって μ の区間推定を行う。

$$\bar{x} - t_{n-1}(\alpha/2)\frac{s}{\sqrt{n}} < \mu < \bar{x} + t_{n-1}(\alpha/2)\frac{s}{\sqrt{n}}$$

一方，「平均値が μ_0 よりも大きくなったかどうか」を検定したい場合，つまり対立仮説が $H_1 : \mu > \mu_0$ の場合の片側検定の手順は次のようになります。

母分散 σ^2 が未知の場合の母平均の検定（片側検定）

1. 帰無仮説 $H_0 : \mu = \mu_0$ と対立仮説 $H_1 : \mu > \mu_0$，並びに有意水準 α を設定する。

2. 実際に観測された標本から標本平均 $\bar{x}$ と不偏分散 s^2 を求め，統計量 T の実測値

$$t = \frac{\bar{x} - \mu_0}{s/\sqrt{n}}$$

を計算する。

3. 帰無仮説 $H_0 : \mu = \mu_0$ のもとで，統計量 T は自由度 $n-1$ の t 分布に従うことから，有意水準 α のもとで，棄却域は，

$$t_{n-1}(\alpha) < t$$

となる。

4. 統計量の実測値 t が棄却域に入っているかどうかによって判定し，結論を述べる。
    (a) t が棄却域に入っていれば，「有意水準 α で，帰無仮説 H_0 は棄却され，対立仮説 H_1 が正しいと言える」と結論付ける。
    (b) t が棄却域に入っていなければ，「有意水準 α で，帰無仮説 H_0 は棄却されず，対立仮説 H_1 が正しいとは言えない」と結論付ける。

5. 統計量の実測値 t が棄却域に入り，対立仮説 H_1 が採択される場合には，次式によって μ の区間推定を行う。

$$\bar{x} - t_{n-1}(\alpha/2)\frac{s}{\sqrt{n}} < \mu < \bar{x} + t_{n-1}(\alpha/2)\frac{s}{\sqrt{n}}$$

例 9.2 マラソンを趣味とするある市民ランナー A さんの 10 km のラップタイムは，これまで平均が 49.0（分）でした。A さんはラップタイムを上げようと新しい練習法を取り入れましたが，本当にラップタイムがよくなったかどうかを検証します。そこで，十分な間を置いて $n = 20$ 回のラップタイムを測ったところ，ラップタイムの標本平均値は $\bar{x} = 45.5$（分），不偏分散は $s^2 = 16.0$ でした。ラップタイムが改善したかどうか，有意水準 1% で仮説検定をしてみましょう。

この例では，母平均が小さくなっているかどうかを検定するため，帰無仮説と対立仮説は，

$$H_0: \quad \mu = 49.0$$
$$H_1: \quad \mu < 49.0$$

とします。統計量は，

$$t = \frac{45.5 - 49.0}{4.0/\sqrt{20}} \fallingdotseq -3.913$$

であり，これに対し，棄却域は，

$$t < -t_{19}(0.01) = -2.539$$

で与えられます。この結果，統計量の実測値 t は棄却域に存在し，帰無仮説 H_0 は棄却され，有意水準 1% で「ラップタイムの平均値は改善した」と結論付けることができます。

　改善したラップタイム平均の点推定値は $\bar{x} = 45.5$（分）です。また，$t_{19}(0.005) = 2.861$ なので，

$$t_{n-1}(\alpha/2)\frac{s}{\sqrt{n}} = 2.861 \times \frac{4.0}{\sqrt{20}} = 2.559$$

となることから，信頼係数 99% での信頼区間は，

$$45.5 - 2.559 < \mu < 45.5 + 2.559$$

となり，つまり $42.94 < \mu < 48.06$ となります。

9-2 母平均の差の検定

　前節では，データが従う母集団の母平均 μ が μ_0 と異なるかどうかを検定する問題を扱いました。本節では，2 つの母集団からそれぞれ標本が得られる場合に，2 つの母平均に差があるかどうかという問題を対象とします。たとえば，次のようなケースが考えられます。

・A クラスと B クラスに所属する生徒の学力に差があるかどうかを検証するため，両方のクラスから 20 人ずつのサンプルをとり，試験の得点を調べることになった。これらの得点データから，両クラスの試験得点の平均値に差があるかどうかを検証したい。

・旧種のゴルフボールをドライバーで打ったときの飛距離に対して，新たに登場したゴルフボールは飛距離が伸びることが期待されている。そこで，30人のゴルファーが，新旧の2種類のボールを打ったときの飛距離を調べることになった。これら，30人による新旧2種類のボールの飛距離データから，新しい種類のゴルフボールは飛距離が伸びると結論付けることができるかどうかを検証したい。

・あるダイエット食品の有効性を検証するため，被験者40人に対して，ダイエット食品を利用する前の体重と利用した後の体重を調べることになった。これら，40人のダイエット食品利用の前後の体重データから，ダイエット食品によって体重が減ると言えるかどうかを検証したい。

　このような母平均の差に関する検定では，各々の母集団から採取した標本に対応関係がある場合とない場合で検定手順が異なります。2つの母集団から採取した標本が1対1で対応する標本を**対応のある標本**，そうでない場合の標本を**対応のない標本**といいます。

　たとえば，「新旧2種類のゴルフボールを，30人のゴルファーが打ったときの飛距離のデータ」は，誰が打ったかによって，新しいゴルフボールの飛距離と旧種のゴルフボールの飛距離が対応していますので，対応のある標本です。「被験者40人に対して，ダイエット食品を利用する前の体重と利用した後の体重を調べたデータ」も，同じ被験者の「利用前」と「利用後」というデータですので，対応のある標本です。対応のある標本では，2つの母集団から得られる標本に1対1の対応関係があることが前提のため，両者の標本数は同じでなくてはなりません。

　これに対して，「AクラスとBクラスに所属する生徒から20人ずつのサンプルをとって，試験の得点を調べたデータ」は，まったく異なる20人に関するデータなので，対応のない標本です。対応のない標本の場合，たとえばAクラスから30人，Bクラスから20人と標本の数が異なっていても構いません。

　さて，対応のある標本を対応のない標本と見なして検定を行うことは，手続き上は可能です。しかし，先のダイエット食品の効果の例で言えば，そもそも被験者の利用前の体重にばらつきがあり，かつダイエット効果にも個人差があります。一般に，ダイエット食品によって減る体重の数値と比較して，被験者間での体重のばらつきのほうが大きいと考えられるため，これを対応のない標本として検定してしまうと，本来検定したい「ダイエット食品の効果」が「個人個人の体重のばらつき」にかき消されてしまい，誤った結論にいたってしまう可能性があります。そのため，対応のある標本については，正しく対応のある場合の検定手順を採用することがきわめて重要です。

　ここでは，まず対応のない標本の検定手順を示し，その後，対応のある標本に対する検定手順について解説します。

●9-2-1 対応のない2組の標本に対する母平均の差の検定

母集団 P_1 と母集団 P_2 の2つの母集団の平均値の差を検定する方法について述べます。まず、母集団 P_1 の母平均を μ_1、母分散を σ_1^2、母集団 P_2 の母平均を μ_2、母分散を σ_2^2 と表すことにします。検証の対象となる帰無仮説は、

$$H_0 : \mu_1 = \mu_2$$

です。対立仮説は、両側検定の場合は、

$$H_1 : \mu_1 \neq \mu_2$$

であり、片側検定の場合は、

$$H_1 : \mu_1 > \mu_2$$

または、

$$H_1 : \mu_1 < \mu_2$$

です。

ここで、母集団 P_1 から n_1 個の標本を、母集団 P_2 から n_2 個の標本をサンプリングする場合を考えます。母集団 P_1 から得られた n_1 個の標本から計算される標本平均を $\bar{X}_1$、母集団 P_2 から得られる n_2 個の標本から計算される標本平均を $\bar{X}_2$ とします。このとき、標本平均 $\bar{X}_1$ と $\bar{X}_2$ の差については、以下の性質が成り立ちます。

平均値の差 $\bar{X}_1 - \bar{X}_2$ の標本分布

(1) 母集団 P_1, P_2 がそれぞれ正規分布 $N(\mu_1, \sigma_1^2)$, $N(\mu_2, \sigma_2^2)$ に従うとき、標本平均の差 $\bar{X}_1 - \bar{X}_2$ は、正規分布 $N(\mu_1 - \mu_2, \sigma_1^2/n_1 + \sigma_2^2/n_2)$ に従う。

(2) 母集団分布が正規分布でない場合でも、標本数 n_1 と n_2 がそれぞれ30以上であれば、中心極限定理により、標本平均の差 $\bar{X}_1 - \bar{X}_2$ は近似的に正規分布 $N(\mu_1 - \mu_2, \sigma_1^2/n_1 + \sigma_2^2/n_2)$ に従うものとしてよい。

正規分布 $N(\mu_1, \sigma_1^2)$ から得られる n_1 個のデータの標本平均 $\bar{X}_1$ は、正規分布 $N(\mu_1, \sigma_1^2/n_1)$ に従い、正規分布 $N(\mu_2, \sigma_2^2)$ から得られる n_2 個のデータの標本平均 $\bar{X}_2$ は、正規分布 $N(\mu_2, \sigma_2^2/n_2)$ に従うことから、$\bar{X}_1 - \bar{X}_2$ の分布は

$$\bar{X}_1 - \bar{X}_2 \sim N\left(\mu_1 - \mu_2, \frac{\sigma_1^2}{n_1} + \frac{\sigma_2^2}{n_2}\right)$$

となることが，正規分布に関する性質から導かれます。もし，2つの母分散 σ_1^2, σ_2^2 が既知であれば，上記の性質を用いて，正規分布を用いた検定と推定が可能となります。

標本数がある程度大きい場合

　一般の問題において，2つの母集団の平均値の差を検定しようとする場合には，2つの母分散が未知であるほうが多いものです。その場合，標本から計算される不偏分散で代用することになるでしょう。ここで，母集団 P_1 から得られた n_1 個の標本から計算される不偏分散を S_1^2，母集団 P_2 から得られる n_2 個の標本から計算される不偏分散を S_2^2 とします。これらは確率変数ですが，具体的に計算されたその実測値は s_1^2, s_2^2 と記述します。

　もし，n_1 と n_2 がともに 30 以上と，ある程度の大標本である場合には，標本から計算される不偏分散 s_1^2, s_2^2 はほぼ正しい値が推定できていると考えられるので，これらを母分散 σ_1^2, σ_2^2 の代わりに利用することができます。

母分散 σ^2 が既知，または大標本の場合の母平均の差の検定（両側検定）

1. 帰無仮説 $H_0: \mu_1 = \mu_2$ と対立仮説 $H_1: \mu_1 \neq \mu_2$，並びに有意水準 α を設定する。

2. 実際に観測された標本から 2 つの標本平均 $\bar{x}_1$ と $\bar{x}_2$ を求め，その差 $\bar{x}_1 - \bar{x}_2$ を計算する。

3. 帰無仮説 $H_0: \mu_1 = \mu_2$ のもとで，標本平均の差 $\bar{X}_1 - \bar{X}_2$ は正規分布 $N(0, \sigma_1^2/n_1 + \sigma_2^2/n_2)$ に従うことから，有意水準 α のもとで，棄却域は，

$$\bar{x}_1 - \bar{x}_2 < -z(\alpha/2)\sqrt{\frac{\sigma_1^2}{n_1} + \frac{\sigma_2^2}{n_2}}, \ \text{または} \ z(\alpha/2)\sqrt{\frac{\sigma_1^2}{n_1} + \frac{\sigma_2^2}{n_2}} < \bar{x}_1 - \bar{x}_2$$

となる。もし，母分散 σ_1^2, σ_2^2 が未知で，ある程度の大標本である場合には，

$$\bar{x}_1 - \bar{x}_2 < -z(\alpha/2)\sqrt{\frac{s_1^2}{n_1} + \frac{s_2^2}{n_2}}, \ \text{または} \ z(\alpha/2)\sqrt{\frac{s_1^2}{n_1} + \frac{s_2^2}{n_2}} < \bar{x}_1 - \bar{x}_2$$

となる。

4. 統計量 $\bar{x}_1 - \bar{x}_2$ が棄却域に入っているかどうかによって判定し，結論を述べる。

(a) $\bar{x}_1 - \bar{x}_2$ が棄却域に入っていれば，「有意水準 α で，帰無仮説 H_0 は棄却され，対立仮説 H_1 が正しいと言える」と結論付ける。

(b) $\bar{x}_1 - \bar{x}_2$ が棄却域に入っていなければ，「有意水準 α で，帰無仮説 H_0 は棄却されず，対立仮説 H_1 が正しいとは言えない」と結論付ける。

片側検定の場合は，有意水準 α のときの棄却域を，

$$H_1 : \mu_1 > \mu_2 \text{ に対しては，} z(\alpha)\sqrt{\frac{\sigma_1^2}{n_1} + \frac{\sigma_2^2}{n_2}} < \bar{x}_1 - \bar{x}_2$$

$$H_1 : \mu_1 < \mu_2 \text{ に対しては，} \bar{x}_1 - \bar{x}_2 < -z(\alpha)\sqrt{\frac{\sigma_1^2}{n_1} + \frac{\sigma_2^2}{n_2}}$$

とします。

小標本の場合

標本の数 n_1, n_2 があまり大きくない場合には，その標本から計算される不偏分散の実測値 s_1^2, s_2^2 の信頼性が低いと考えられるので，不偏分散 S_1^2, S_2^2 を確率変数としてとらえ，その確率的なゆらぎも考慮した検定を行う必要があります。そのため，母集団 P_1，P_2 が，それぞれ正規分布 $N(\mu_1, \sigma_1^2)$，$N(\mu_2, \sigma_2^2)$ に従うことを仮定します。

この場合の検定法としては，

・2つの母分散が等しく，$\sigma^2 = \sigma_1^2 = \sigma_2^2$ と仮定できる場合
・2つの母分散が等しいとは仮定できない場合 ($\sigma_1^2 \neq \sigma_2^2$)

の2つのパターンで検定手順が異なるので注意が必要です。

もし，2つの母分散が等しく，$\sigma^2 = \sigma_1^2 = \sigma_2^2$ と仮定できる場合には，母集団 P_1 の標本から計算される不偏分散 S_1^2 と母集団 P_2 の標本から計算される不偏分散 S_2^2 を統合し，

$$S^2 = \frac{1}{n_1 + n_2 - 2}\left\{(n_1 - 1)S_1^2 + (n_2 - 1)S_2^2\right\}$$

によって，σ^2 の推定量とすることができます。この S^2 を用いるときの性質として，次が知られています。

── 平均値の差の分布（等分散の場合）──────────

母集団 P_1，P_2 がそれぞれ正規分布 $N(\mu_1, \sigma^2)$，$N(\mu_2, \sigma^2)$ に従うものとする。母集団 P_1 からランダムサンプリングされた n_1 個の標本から計算される標本平均を $\bar{X}_1$，不偏分散

を S_1^2，母集団 P_2 からランダムサンプリングされた n_2 個の標本から計算される標本平均を $\bar{X}_2$，不偏分散を S_2^2 とする。このとき，

$$S^2 = \frac{1}{n_1 + n_2 - 2} \left\{ (n_1 - 1)S_1^2 + (n_2 - 1)S_2^2 \right\}$$

を用いた統計量

$$T = \frac{(\bar{X}_1 - \bar{X}_2) - (\mu_1 - \mu_2)}{S\sqrt{\frac{1}{n_1} + \frac{1}{n_2}}}$$

は，自由度 $n_1 + n_2 - 2$ の t 分布に従う。

この性質から，等分散の場合の平均値の差の検定は次のようになります。このような，統計量が t 分布に従うことを利用する検定法を総称して，**t 検定**といいます。

―― **未知の母分散 σ^2 に等分散が仮定できる場合の母平均の差の検定（両側検定）** ――

1. 帰無仮説 $H_0 : \mu_1 = \mu_2$ と対立仮説 $H_1 : \mu_1 \neq \mu_2$，並びに有意水準 α を設定する。

2. 実際に観測された標本から 2 つの標本平均 $\bar{x}_1, \bar{x}_2$ を求め，その差 $\bar{x}_1 - \bar{x}_2$ を計算する。また，それぞれの不偏分散 s_1^2, s_2^2 から分散の推定値

$$s^2 = \frac{1}{n_1 + n_2 - 2} \left\{ (n_1 - 1)s_1^2 + (n_2 - 1)s_2^2 \right\}$$

を得る。

3. 帰無仮説 $H_0 : \mu_1 = \mu_2$ のもとで，統計量

$$T = \frac{(\bar{X}_1 - \bar{X}_2)}{S\sqrt{\frac{1}{n_1} + \frac{1}{n_2}}}$$

は，自由度 $n_1 + n_2 - 2$ の t 分布に従うことから，有意水準 α のもとで，棄却域は，

$$t = \frac{(\bar{x}_1 - \bar{x}_2)}{s\sqrt{\frac{1}{n_1} + \frac{1}{n_2}}} < -t_{n_1+n_2-2}(\alpha/2), \ \text{または} \ t_{n_1+n_2-2}(\alpha/2) < t = \frac{(\bar{x}_1 - \bar{x}_2)}{s\sqrt{\frac{1}{n_1} + \frac{1}{n_2}}}$$

となる。ただし，t は s^2 を用いて計算された統計量 T の実測値である。

4. 統計量 t が棄却域に入っているかどうかによって判定し，結論を述べる。

  (a) t が棄却域に入っていれば，「有意水準 α で，帰無仮説 H_0 は棄却され，対立仮説 H_1 が正しいと言える」と結論付ける。

  (b) t が棄却域に入っていなければ，「有意水準 α で，帰無仮説 H_0 は棄却されず，対立仮説 H_1 が正しいとは言えない」と結論付ける。

もし，母分散が未知で，かつ異なるときは，**ウェルチの t 検定**を用いる必要があります。分散が異なると考えられる場合の検定統計量は，

$$T = \frac{(\bar{X}_1 - \bar{X}_2)}{\sqrt{\frac{S_1^2}{n_1} + \frac{S_2^2}{n_2}}}$$

で与えられます。この統計量 T は，次で計算される自由度 ϕ_0 の t 分布に近似的に従うことが知られており，これを**ウェルチの近似法**といいます[2]。

$$\phi_0 = \frac{\left(\frac{s_1^2}{n_1} + \frac{s_2^2}{n_2}\right)^2}{\frac{s_1^4}{n_1^2(n_1-1)} + \frac{s_2^4}{n_2^2(n_2-1)}}$$

この検定統計量を用いることにより，母分散が未知で異なる場合の検定として，次の検定手順が得られます。

ウェルチの t 検定：母分散が異なる場合の母平均の差の検定（両側検定）

1. 帰無仮説 $H_0: \mu_1 = \mu_2$ と対立仮説 $H_1: \mu_1 \neq \mu_2$，並びに有意水準 α を設定する。

2. 実際に観測された標本から 2 つの標本平均 $\bar{x}_1, \bar{x}_2$ を求め，その差 $\bar{x}_1 - \bar{x}_2$ を計算する。また，それぞれの不偏分散 s_1^2, s_2^2 を求める。

3. 帰無仮説 $H_0: \mu_1 = \mu_2$ のもとで，統計量

$$T = \frac{(\bar{X}_1 - \bar{X}_2)}{\sqrt{\frac{S_1^2}{n_1} + \frac{S_2^2}{n_2}}}$$

は，近似的に自由度 ϕ_0 の t 分布に従うことから，有意水準 α のもとで，棄却域は，

---

[2] この検定統計量が従う t 分布の自由度はかなり複雑な式ですが，実務上は，ソフトウェアによってウェルチの t 検定を実行すれば結果が得られるため，この難解な数式を覚える必要はありません。

$$t = \frac{(\bar{x}_1 - \bar{x}_2)}{\sqrt{\frac{s_1^2}{n_1} + \frac{s_2^2}{n_2}}} < -t_{\phi_0}(\alpha/2), \ \text{または} \ t_{\phi_0}(\alpha/2) < t = \frac{(\bar{x}_1 - \bar{x}_2)}{\sqrt{\frac{s_1^2}{n_1} + \frac{s_2^2}{n_2}}}$$

となる。ただし，t は s_1^2, s_2^2 を用いて計算された統計量 T の実測値である。ϕ_0 は

$$\phi_0 = \frac{\left(\frac{s_1^2}{n_1} + \frac{s_2^2}{n_2}\right)^2}{\frac{s_1^4}{n_1^2(n_1-1)} + \frac{s_2^4}{n_2^2(n_2-1)}}$$

で与えられるが，これが整数でない場合には，10 以上であればもっとも近い整数を選び，10 未満の場合は小数自由度の t 分布表を利用する。

4. 統計量 t が棄却域に入っているかどうかによって判定し，結論を述べる。
   (a) t が棄却域に入っていれば，「有意水準 α で，帰無仮説 H_0 は棄却され，対立仮説 H_1 が正しいと言える」と結論付ける。
   (b) t が棄却域に入っていなければ，「有意水準 α で，帰無仮説 H_0 は棄却されず，対立仮説 H_1 が正しいとは言えない」と結論付ける。

　以上のように，平均値の差に関する検定は，「等分散である場合」と「分散が異なる場合」で検定統計量などの検定の手続きが異なります。ここで，等分散であるかどうかをどのように判断したらよいかという問題が生じるでしょう。そのため，通常は，2 つの母集団から標本が得られた際，平均値の差の検定を行う前に，「等分散であるかどうか」の検定を実施すべきであり，そのために登場するのが，**F 検定**です。通常，2 群のデータが得られたら，まず F 検定によって等分散かどうかを確認してから，t 検定によって平均値の差を検定することになります。

　第 7 章で示した「F 分布の性質 (2)」より，正規母集団 $N\,(\mu_1,\,\sigma^2)$ から得た大きさ n_1 の無作為標本から計算される不偏分散を S_1^2，正規母集団 $N\,(\mu_2,\,\sigma^2)$ から得た大きさ n_2 の無作為標本から計算される不偏分散を S_2^2 とすると，検定統計量

$$F = \frac{S_1^2}{S_2^2}$$

は，自由度 $(n_1 - 1, n_2 - 1)$ の F 分布 $F\,(n_1 - 1, n_2 - 1)$ に従うことがわかります。この性質を用いて，2 つの母集団の分散が等しいかどうかの検定を行うことが可能です。

等分散の検定（F 検定）

1. 帰無仮説 $H_0 : \sigma_1^2 = \sigma_2^2$ と対立仮説 $H_1 : \sigma_1^2 \neq \sigma_2^2$，並びに有意水準 α を設定する。

2. 実際に観測された標本から，それぞれの不偏分散 s_1^2, s_2^2 を求める。

3. 帰無仮説 $H_0 : \sigma_1^2 = \sigma_2^2$ のもとで統計量

$$F = \frac{S_1^2}{S_2^2}$$

は，自由度 $(n_1 - 1, n_2 - 1)$ の F 分布 $F(n_1 - 1, n_2 - 1)$ に従うことから，有意水準 α のもとで，棄却域は，

$$F_{n_1-1, n_2-1}(\alpha) < f = \frac{s_1^2}{s_2^2}$$

となる。ただし，$Fn_1 - 1, n_2 - 1(\alpha)$ は F 分布 $F(n_1 - 1, n_2 - 1)$ の上側確率 $100\alpha\%$ のパーセント点であり，$s_1^2 > s_2^2$ であるとする（大きいほうを分子とする）。

4. 統計量 f が棄却域に入っているかどうかによって判定し，結論を述べる。
   (a) f が棄却域に入っていれば，「有意水準 α で，帰無仮説 H_0 は棄却され，対立仮説 H_1 が正しいと言える」と結論付ける。
   (b) f が棄却域に入っていなければ，「有意水準 α で，帰無仮説 H_0 は棄却されず，対立仮説 H_1 が正しいとは言えない」と結論付ける。

　以上により，対応がない 2 組の標本に対する母平均の差の検定の全体手順としては，以下のようにまとめられます。

対応がない 2 組の標本に対する母平均の差の検定の全体手順

1. まず，F 検定により，2 つの母集団について等分散の検定を行う。

2. F 検定の結果により，母平均の差について t 検定を行う。
   (a) F 検定の結果が「分散が異なるとは言えない」と結論付けられる場合には等分散と考え，等分散を仮定した t 検定により母平均の差の検定を行う。
   (b) F 検定の結果が「分散が異なる」と結論付けられる場合には，分散が異なるので，ウェルチの t 検定により母平均の差の検定を行う。

よくある質問として，「F 検定の結果，帰無仮説が棄却できない場合には，"分散が異なるとは言えない" ことが示されただけであって，"等分散である" ことが示されてはいないのに，等分散を前提とした t 検定を適用してもよいのか？」というものがあります。これに対しては，「F 検定によって "分散に差がある" と検出できない程度の差であれば，等分散を仮定した t 検定を用いて平均値の差を検定しても大きな問題とはならない」というのが答えです。

例 9.3　ある企業における支店 A と支店 B では，それぞれ営業部員が日々営業活動を営んでいます。これらの支店間で営業成績に差があるのかどうかを知るために，支店 A に所属する 21 名の営業部員の 1 か月の営業売上を計算しました。平均売上は $\bar{x}_1 = 126.5$（万円），不偏分散 $s_1^2 = 256.0$ であり，支店 B に所属する 25 名の営業部員の 1 か月の営業売上を計算したところ，平均売上は $\bar{x}_2 = 133.0$（万円），不偏分散 $s_2^2 = 225.0$ でした。

　支店 A の営業売上が正規分布 $N(\mu_1, \sigma_1^2)$ に，支店 B の営業売上が正規分布 $N(\mu_2, \sigma_2^2)$ に従っていると仮定して，両支店で平均売上に差があるかどうかを，有意水準 5% で検定してみましょう。

　両支店の母平均に差異があるかどうかの検定を行いたいので，帰無仮説は，

$$H_0 : \mu_1 = \mu_2$$

であり，対立仮説は，

$$H_1 : \mu_1 \neq \mu_2$$

と設定します。

　この検定は，すでに述べたとおり，「母分散が等しい場合」と「母分散が等しくない場合」で手順が異なります。そこでまず，F 検定により，母分散が異なるかどうかの検定を行います。そのための検定統計量 F の計算値 f は，

$$f = \frac{s_1^2}{s_2^2} = \frac{256.0}{225.0} = 1.138$$

となります。自由度 $(\phi_1, \phi_2) = (20, 24)$ の F 分布の上側確率 5% のパーセント点は，$F_{20,24}(0.05) = 2.027$ ですので，検定統計量は棄却域に存在せず，帰無仮説は棄却されません。したがって，「両分散に差があるとは言えない」という結論になります。そこで，両分散が等しいという条件のもとで，t 検定により両平均値の差の検定を行えばよいでしょう。

　まず，共通の分散 $\sigma^2 = \sigma_1^2 = \sigma_2^2$ の推定値は，

$$s^2 = \frac{1}{21 + 25 - 2}\{(21 - 1) \times 256.0 + (25 - 1) \times 225.0\} = 239.09$$

となります。したがって，平均値の差の検定のための検定統計量 t は，

$$t = \frac{126.5 - 133.0}{\sqrt{239.09}\sqrt{\frac{1}{21} + \frac{1}{25}}} = -1.420$$

となります。一方，自由度 $21 + 25 - 2 = 44$ の t 分布における上側確率 0.025 となるパーセント点は，$t_{44}(0.025) = 2.015$ であり，棄却域は「$t < -t_{44}(0.025) = -2.015$，または $t_{44}(0.025) = 2.015 < t$」となります。検定統計量 t の計算値は棄却域にはないので，有意水準 5% で帰無仮説を棄却することができず，「両支店の母平均に差があるとは言えない」という結論になります。つまり，「支店 A と支店 B の営業売上の平均値に差がある」とは言えません。

●9-2-2 対応のある 2 組のデータの母平均の差の検定

ここでは，母集団 P_1 からの標本 $X_1, X_2, \cdots, X_n$ と母集団 P_2 からの標本 $Y_1, Y_2, \cdots, Y_n$ について，X_i と Y_i に対応がある場合を扱います（$i = 1, 2, \cdots, n$)。これは，標本として n 組のペア (X_i, Y_i) が得られるようなケースです。

例 9.4 ガソリンに，ある添加物を加えると燃費が向上すると言われています。そこで，A_1 から A_{10} の 10 車種に対して，添加物なしガソリンでの燃費と添加物ありガソリンでの燃費 (km/l) を測定したところ，表 9.1 のようになったものとします。

表 9.1: 各車種に対する添加物なしガソリンでの燃費と添加物ありガソリンでの燃費 (km/l)

車種	A_1	A_2	A_3	A_4	A_5	A_6	A_7	A_8	A_9	A_{10}
添加物あり	14.38	8.65	15.83	11.26	16.97	10.12	11.78	13.41	9.98	12.36
添加物なし	13.36	8.43	15.55	10.79	16.89	9.47	11.34	12.78	9.78	11.78

「添加物あり」の場合の燃費の単純な標本平均は $\bar{x}_1 = 12.474(km/l)$，不偏分散は $s_1^2 = 7.149$，「添加物なし」の場合の燃費の単純な標本平均は $\bar{x}_2 = 12.017(km/l)$，不偏分散は $s_2^2 = 7.221$ となります。

もし，このデータに対して分散は等しいと仮定し，対応のない場合の t 検定を適用した場合には，不偏分散 s^2 が

$$s^2 = \frac{1}{18}(9 \times 7.149 + 9 \times 7.221) = 7.185$$

となることから，検定統計量は

$$t = \frac{12.474 - 12.017}{\sqrt{7.185}\sqrt{\frac{1}{10} + \frac{1}{10}}} = 0.381$$

となり，自由度 $\phi = 18$ の t 分布の上側確率 0.05% のパーセント点 $t_{18}(0.05) = 1.734$ と比べて非常に小さく，「燃費の平均値に差があるとは言えない」という結論になります。つまり，この添加物は車の燃費向上には寄与しないことになりますが，これは正しいでしょうか？

　一方，表 9.1 の数値をよく見ると，車種によって燃費が大きく異なることと，燃費のかなりの部分は車種に依存していることがわかります。標本 X_i の平均が $\mu_1 + a_i$，標本 Y_i の平均が $\mu_2 + a_i$ と，ペアの番号 i にも依存する平均値を持っていたとします。この a_i は，車種 Ai が与える燃費への効果を表していて，$a_i > 0$ であれば燃費が良い車種，$a_i < 0$ であれば燃費が悪い車種ということになります。このとき，標本 $X_1, X_2, \cdots, X_n$ から計算される標本平均 $\bar{X}$ の期待値は $\mu_1 + \Sigma_i\, a_i\, /\, n$，標本 $Y_1, Y_2, \cdots, Y_n$ から計算される標本平均 $\bar{Y}$ の期待値は $\mu_2 + \Sigma_i\, a_i\, /\, n$ といずれも a_i の影響を受けてしまいます。一方，対応のある各標本の差を

$$D_i = X_i - Y_i$$

と定義すると，D_i の期待値は $\mu_1 - \mu_2$ となり，i 番目のペアに対応する効果 a_i がキャンセルされ，直接的に μ_1 と μ_2 の比較が可能になります。

　$\mu_1 = \mu_2$ とすると，確率変数 $D_i = X_i - Y_i$ の期待値は 0 となるはずです。そのため，統計量 D_i の真の平均値が 0 であるかどうかの検定を行うことで，$\mu_1 = \mu_2$ かどうかの検定を行うことができます。D_i に対する標本平均 $\bar{D}$ と不偏分散 S_D^2 を，

$$\bar{D} = \frac{1}{n}\sum_{i=1}^{n} D_i$$

$$S_D^2 = \frac{1}{n-1}\sum_{i=1}^{n}(D_i - \bar{D})^2$$

とします。このとき，D_i の母平均を $\mu_D = \mu_1 - \mu_2$ とすると，検定統計量

$$T = \frac{\bar{D} - \mu_D}{S_D / \sqrt{n}}$$

は自由度 $n - 1$ の t 分布に従います。この検定統計量を用いて，対応のある標本における平均値の差の検定を構成することができます。ここでは，対立仮説を $H_1: \mu_1 > \mu_2$ とする片側検定の例を示します。

―― 対応がある 2 組の標本に対する母平均の差の検定手順（片側検定）――

1. 帰無仮説 $H_0: \mu_1 = \mu_2$ と対立仮説 $H_1: \mu_1 > \mu_2$，並びに有意水準 α を設定する。

2. 母集団 P_1 からの標本 $x_1, x_2, \cdots, x_n$ と母集団 P_2 からの標本 $y_1, y_2, \cdots, y_n$ について，対応する標本の差分

$$d_i = x_i - y_i$$

を計算する。

3. 差分データ $d_1, d_2, \cdots, d_n$ に対し，標本平均と標本分散を計算する。

$$\bar{d} = \frac{1}{n} \sum_{i=1}^{n} d_i = \frac{1}{n} \sum_{i=1}^{n} (x_i - y_i)$$
$$s_D^2 = \frac{1}{n-1} \sum_{i=1}^{n} (d_i - \bar{d})^2$$

4. 帰無仮説 $H_0: \mu_1 = \mu_2$ のもとで，検定統計量

$$T = \frac{\bar{D} - \mu_D}{S_D / \sqrt{n}} = \frac{\bar{D}}{S_D / \sqrt{n}}$$

は，自由度 $n - 1$ の t 分布に従うことから，有意水準 α のもとで，棄却域は，

$$t_{n-1}(\alpha) < t = \frac{\bar{d}}{s_D / \sqrt{n}}$$

となる。

5. 統計量 t が棄却域に入っているかどうかによって判定し，結論を述べる。

    (a) t が棄却域に入っていれば，「有意水準 α で，帰無仮説 H_0 は棄却され，対立仮説 H_1 が正しいと言える」と結論付ける。

    (b) t が棄却域に入っていなければ，「有意水準 α で，帰無仮説 H_0 は棄却されず，対立仮説 H_1 が正しいとは言えない」と結論付ける。

対立仮説を

$$H_1 : \mu_1 \neq \mu_2$$

とする両側仮説検定の場合には，棄却域を，

$$t = \frac{\bar{d}}{s_D/\sqrt{n}} < -t_{n-1}(\alpha/2), \text{または } t_{n-1}(\alpha/2) < t = \frac{\bar{d}}{s_D/\sqrt{n}}$$

とします。対立仮説が

$$H_1 : \mu_1 < \mu_2$$

の場合の片側仮説検定では，棄却域は

$$t = \frac{\bar{d}}{s_D/\sqrt{n}} < -t_{n-1}(\alpha)$$

となります。

例 9.5　表 9.1 の例に対して，対応のある場合の母平均の差の検定をしてみましょう。まず，差分 $d_i = x_i - y_i$ は，表 9.2 のようになります。

表 9.2: 燃費の差分計算

車種	A_1	A_2	A_3	A_4	A_5	A_6	A_7	A_8	A_9	A_{10}
添加物あり	14.38	8.65	15.83	11.26	16.97	10.12	11.78	13.41	9.98	12.36
添加物なし	13.36	8.43	15.55	10.79	16.89	9.47	11.34	12.78	9.78	11.78
d_i	1.02	0.22	0.28	0.47	0.08	0.65	0.44	0.63	0.20	0.58

また，差分 d_i の平均値 $\bar{d}$ と不偏分散 s_D^2 を計算すると，

$$\bar{d} = 0.457$$

$$s_D^2 = 0.07727$$

となります。検定統計量 t は，

$$t = \frac{\bar{d}}{s/\sqrt{n}} = \frac{0.457}{0.2780 \times \sqrt{10}} = 5.199$$

となります。自由度 $n - 1 = 9$ の t 分布における有意水準 $\alpha = 0.01$ のときの棄却域は $t_9(0.01) = 2.821 < t$ であり，検定統計量は棄却域に入るので，有意水準 1% で帰無仮説は棄却され，燃費の平均値は向上したと結論付けることができます。ちなみに，$t = 5.199$ という t 値の p 値は 0.00028 という非常に小さい数値になるので，このことからも有意差があることがわかります。

　このように，対応のある標本に対して，対応のない標本の場合の t 検定と対応のある標本の場合の t 検定の両方を行ってみると，その結果は正反対になることがあります。対応のあるなしによって，適切な検定法を適用する必要があるでしょう。

　一般に，仮説検定を行いたい場面の多くで興味の対象となるのは「平均値が既知の値よりも変化しているか否か」であったり，「2 つのグループで平均値に差があるか否か」といった平均値に対する統計的推測でしょう。

　ビジネス統計においても，A/B テストによって施策の効果を検証することはよく行われますが，その際に用いられるのは「2 つのグループ間で差があると言えるか否かの検定」ということになります。多くの場合には，これらの検定には，t 検定が活躍するものと思われます。たとえば，「あるプロモーション施策を実施すると売り上げが伸びるのか否か」を検証するためには，そのプロモーション施策を実施する A 群と実施しない B 群にランダムに分け，それらの群間での売り上げの差異について，平均値の差の検定を適用すればよいでしょう。

　その際，情報技術が高度に発展した現在では，一昔前の統計的検定とはやや違った問題が出てきていますので，その点には留意しておく必要があります。それは「サンプル数の問題」です。

　データの取得が大変であった時代の統計的検定では，なんとか頑張って，数十個ずつの 2 グループのサンプルを得て，これらのグループ間で平均値に差があるか否かを検定するとい

ったことが行われていました。その分析のスタンスは，たとえば「限られた 50 個ずつのデータから，結論付けられることは何か？」といったものでした。これに対し現在は，特にインターネット上での実験においては，サンプル数の桁が飛躍的に大きくなっています。差を検定したい 2 つのグループに対し，それぞれ，数千，数万のサンプルを得ることが可能な場合も多くあります。そのような場合に，普通の検定をしたらどうなるでしょうか。

統計的検定の帰無仮説は「2 つのグループ間で，平均値に差がない」という数学的に定義された仮説です。たとえば，A 群の平均値が 100.000 で，B 群の平均値が 100.001 であるとき，その差は微小ですが，帰無仮説は成り立っておらず，「2 グループ間で平均値に差がある」という対立仮説の方が正しいことになります。従来，データ数が十分に確保できなかった時代には，このような微小な差は，検定で有意にすることができなかったのであまり問題にはなりませんでした。しかし，データ数をかなり多く確保できるようになった現在，どんなに微小な差であっても差があれば，「データ数を無限に大きくすることにより，帰無仮説が棄却され，対立仮説が有意に採択されるようになる」という事実には注意する必要があります。

すなわち，検定は「差があるか否か」を統計的に検出する手段ですので，サンプル数が非常に大きい場合には，微小な差も含めて，何でもかんでも有意にしてしまうということが起こり得るのです。このような場合，単に統計的に有意か否かだけではなく，推定によって得られた差の値そのものをきちんと吟味することが必要です。すなわち，その施策効果の有意性だけでなく，その効果の大きさ（効果量）をきちんと検証する必要があります。ビジネスにおける施策では，ぜひ，効果量の大きい施策から順番に実施を検討してください。

章末問題

1. 正規分布に従うサンプルの標準偏差が $\sigma = 10.0$ で既知であるとし，平均が $\mu = 100$ であるかどうかの検定を行うことを考えます。いま，25 個のサンプル $x_1, x_2, \cdots, x_{25}$ を観測し，その平均値を計算したところ，$\bar{X} = 105.0$ でした。有意水準 5% の検定の結論として，次のなかから正しい説明を選んでください。ただし，標準正規分布の両側 5% のパーセント点を 1.96 とします。
   (1) $\mu = 100$ という仮説は採択され，$\mu \neq 100$ とは言えない
   (2) $\mu = 100$ という仮説は採択され，$\mu = 100$ と言える
   (3) $\mu = 100$ という仮説は棄却され，$\mu \neq 100$ と言える
   (4) $\mu = 100$ という仮説は棄却され，$\mu = 100$ とは言えない

2. 正規分布に従うサンプルの標準偏差が $\sigma = 10.0$ で既知であるとし，平均が $\mu = 100$ であるかどうかの検定を行うことを考えます。いま，25 個のサンプル $x_1, x_2, \cdots, x_{25}$ を観測し，その平均値を計算したところ，$\bar{X} = 102.0$ でした。有意水準 5% の検定の結論として，次のなかから正しい説明を選んでください。ただし，標準正規分布の両側 5% のパーセント点を 1.96 とします。

(1) $\mu = 100$ という仮説は棄却されず，$\mu \neq 100$ とは言えない

(2) $\mu = 100$ という仮説は採択され，$\mu = 100$ と言える

(3) $\mu = 100$ という仮説は棄却され，$\mu \neq 100$ と言える

(4) $\mu = 100$ という仮説は棄却され，$\mu = 100$ とは言えない

3. 正規分布に従うサンプルの標準偏差が $\sigma = 10.0$ で既知であるとし，平均が $\mu = 100$ よりも大きいかどうかの検定を行うことを考えます。いま，25 個のサンプル $x_1, x_2, \cdots, x_{25}$ を観測し，その平均値を計算したところ，$\bar{X} = 105.0$ でした。有意水準 5% の検定の結論として，次のなかから正しい説明を選んでください。ただし，標準正規分布の片側 5% のパーセント点を 1.645 とします。

(1) $\mu = 100$ という仮説は採択され，$\mu > 100$ とは言えない

(2) $\mu = 100$ という仮説は採択され，$\mu = 100$ と言える

(3) $\mu = 100$ という仮説は棄却され，$\mu > 100$ と言える

(4) $\mu = 100$ という仮説は棄却され，$\mu > 100$ とは言えない

4. 正規分布に従うサンプルの標準偏差が $\sigma = 10.0$ で既知であるとし，平均が $\mu = 100$ よりも小さいかどうかの検定を行うことを考えます。いま，25 個のサンプル $x_1, x_2, \cdots, x_{25}$ を観測し，その平均値を計算したところ，$\bar{X} = 95.0$ でした。有意水準 5% の検定の結論として，次のなかから正しい検定の手順を選んでください。

(1) 統計量 $(95 - 100)/2.0$ を計算し，標準正規分布の片側 5% のパーセント点 1.645 よりも大きければ帰無仮説を棄却する

(2) 統計量 $(95 - 100)/2.0$ を計算し，標準正規分布の両側 5% のパーセント点 1.96 よりも大きければ帰無仮説を棄却する

(3) 統計量 $(95 - 100)/2.0$ を計算し，標準正規分布の片側 5% のパーセント点 1.645 を (-1) 倍した -1.645 よりも小さければ帰無仮説を棄却する

(4) 統計量 $(95 - 100)/2.0$ を計算し，標準正規分布の両側 5% のパーセント点 1.96 を (-1) 倍した -1.96 よりも小さければ帰無仮説を棄却する

5. p 値について，次のなかから正しい説明を選んでください。

(1) p 値とは，帰無仮説のもとで，データから計算された統計量が出現する確率である

(2) p 値とは，帰無仮説のもとで，データから計算された統計量よりも極端な統計量が出現する確率である

(3) p 値とは，対立仮説のもとで，データから計算された統計量が出現する確率である

(4) p 値とは，対立仮説のもとで，データから計算された統計量よりも極端な統計量が出現する確率である

6. 2つの母集団の平均値の差について，対応のない標本から検定を行う際の手順について，次のなかからもっとも正しい説明を選んでください。

(1) まず，χ^2 検定によって等分散の検定を行う。もし，結果が等分散の場合には t 検定によって，2つの母集団の平均値の差を検定する

(2) まず，χ^2 検定によって等分散の検定を行う。もし，分散が異なるという結果の場合には t 検定によって，2つの母集団の平均値の差を検定する

(3) まず，F 検定によって等分散の検定を行う。もし，結果が等分散の場合にはウェルチの t 検定によって，2つの母集団の平均値の差を検定する

(4) まず，F 検定によって等分散の検定を行う。もし，分散が異なるという結果の場合にはウェルチの t 検定によって，2つの母集団の平均値の差を検定する

7. 2つの母集団の平均値の差について，対応のある標本から検定を行う際の手順について，次のなかからもっとも正しい説明を選んでください。

(1) 対応のある標本に関しては，対応している標本の差分を計算し，その差分の平均値と不偏分散を用いて t 検定を行う

(2) 対応のある標本に関しては，各々の母集団からの標本の平均値と不偏分散を計算してから，それらの平均値の差について t 検定を行う

(3) 対応のある標本に関しては，各々の母集団からの標本の平均値と不偏分散を計算した後，2つの不偏分散を統合して1つの不偏分散の推定値を得てから，平均値の差について t 検定を行う

(4) 対応のある標本に関しては，各々の母集団からの標本の平均値を計算するとともに，全標本から不偏推定量を計算し，それらを用いて，平均値の差について t 検定を行う

8. 正規母集団 P_1 と正規母集団 P_2 から対応のある n 組の標本 X_i と Y_i が得られているとき，これらの差分 $D_i = X_i - Y_i$ の母平均が0と言えるかどうかの検定を行います。D_i の平均を $\bar{D}$，不偏分散を S_D^2，標本から計算される平均と不偏分数の実現値をそれぞれ $\bar{d}$，s_D^2 として，次のなかから誤っている説明を選んでください。

(1) 不偏分散 s_D^2 は次式で計算すればよい

$$s_D^2 = \frac{1}{n-1} \sum_{i=1}^{n} (d_i - \bar{d})^2$$

(2) 2つの母集団の母分散が等しい場合と異なる場合で検定の手順が異なり，異なると言えない場合には，通常の正規分布による検定を用いることができる

(3) 帰無仮説のもとで，検定統計量

$$T = \frac{\bar{D}}{S_D / \sqrt{n}}$$

は自由度 $n-1$ の t 分布に従う

(4) 差分 $D_i = X_i - Y_i$ の母分散が既知であれば，正規分布を用いた検定が可能だが，一般にはこれが既知というケースはまれである

さまざまな仮説検定

第 9 章では，母平均の検定について説明しました。また，その過程において，2 つの母集団の分散が等分散であるかどうかを検定するための F 検定についても示しました。本章では，平均値の検定以外のいくつかの重要な仮説検定について解説します。

検定の方法はそれぞれ異なりますが，基本的な考え方は共通しています。数式を 1 つ 1 つ覚える必要はありませんので，どのような場合にどの検定方法を選択すべきなのかを理解してください。

10-1 比率に関する検定

「政党の支持率」や「生産ラインから製造される製品の不良率」のように，比率に関して統計的推測を行いたいケースはよくあります。ここでは，母集団が二項分布 $B(n,p)$ に従う場合の検定について説明します。二項分布に従う確率変数を X とします。

一方，確率 p で 1 を，確率 $1-p$ で 0 をとるような n 個の確率変数 $X_1, X_2, \cdots, X_n$ を足し合わせた $X_1 + X_2 + \cdots + X_n$ を考えると，これは「1 が出た個数を表す確率変数」となります。つまり，確率 p で 1 を，確率 $1-p$ で 0 をとるような n 個の確率変数 $X_1, X_2, \cdots, X_n$ を定義しておけば，二項分布 $B(n,p)$ に従う母集団から得られる標本は，それらの和 $X_1 + X_2 + \cdots + X_n$ であると考えることができます。

そのため，母平均 p の推定量 $\hat{P}$ は，

$$\hat{P} = \frac{X_1 + X_2 + \cdots + X_n}{n}$$

で与えられることがわかります。標本数 n が十分大きいとき，中心極限定理から $\hat{P}$ は近似的に正規分布 $N(p, p(1-p)/n)$ に従います。具体的には，$np > 5$，または $n(1-p) > 5$ であれば，ほぼ正規分布に近似して議論を進めてかまわないことが経験的に知られています。そのため，このような状況下では，標準正規分布を用いて近似的に比率の検定をすることができます。

すなわち，真の母数が p で，かつ $np > 5$，かつ $n(1-p) > 5$ のとき，統計量

$$Z_p = \frac{\hat{P} - p}{\sqrt{p(1-p)/n}}$$

が近似的に標準正規分布に従うという性質を利用して検定を行います。

比率の検定（両側検定）

1. 帰無仮説 $H_0 : p = p_0$ と対立仮説 $H_1 : p \neq p_0$，並びに有意水準 α を設定する。

2. 実際に観測された標本から p の推定値 $\hat{P}$ を求め，統計量 Z_p の実測値

$$z_p = \frac{\hat{p} - p_0}{\sqrt{p_0(1-p_0)/n}}$$

を計算する。

3. 帰無仮説 $H_0 : p = p_0$ のもとで，統計量 Z_p は近似的に標準正規分布に従うことから，有意水準 α のもとで，棄却域は，

$$z_p < -z(\alpha/2), \text{ または } z(\alpha/2) < z_p$$

となる。

4. 統計の実測値 z_p が棄却域に入っているかどうかによって判定し，結論を出す。
   (a) z_p が棄却域に入っていれば，「有意水準 α で，帰無仮説 H_0 は棄却され，対立仮説 H_1 が正しいと言える」と結論付ける。
   (b) z_p が棄却域に入っていなければ，「有意水準 α で，帰無仮説 H_0 は棄却されず，対立仮説 H_1 が正しいとは言えない」と結論付ける。

5. 統計の実測値 z_p が棄却域に入り，対立仮説 H_1 が採択される場合には，次式によって p の区間推定を行う。

$$\hat{p} - z(\alpha/2)\sqrt{\frac{\hat{p}(1-\hat{p})}{n}} < p < \hat{p} + z(\alpha/2)\sqrt{\frac{\hat{p}(1-\hat{p})}{n}}$$

例 10.1 ある選挙区において A 氏と B 氏の二人が立候補しており，選挙が行われているとします。投票日の出口調査によってランダムに 2,000 人の投票結果を調べたところ，A 氏

に投票したのは 1,065 人でした。A 氏は当選すると言えるでしょうか？ 出口調査の被験者は嘘はつかないものと仮定して，A 氏が当選するかどうかについて，有意水準 1% で検定を行います。

まず，2,000 人中 1,065 人が A 氏に投票し，残りの 935 人が B 氏に投票したという結果を見て，「A 氏が優位」と見るべきか，「A 氏と B 氏は，ほぼ互角」と見るべきかについて，各自で予想をまとめてみてください。2,000 人の被験者の A 氏への投票率は，1065/2000 = 0.5325 です。

A 氏に投票してもらえる確率を p とすると，A 氏が当選するのは $p > 0.5$ の場合です。そのため，$p_0 = 0.5$ とし，帰無仮説を $H_0 : p = p_0$，対立仮説を $H_1 : p > p_0$ として検定を行えばよいでしょう。帰無仮説が成り立つとき，比率の推定量 $\hat{P}$ は近似的に正規分布 $N(p_0, p_0(1 - p_0)/n)$ に従います。したがって，$Z_p = (\hat{P} - p_0)/\sqrt{p_0(1 - p_0)/n}$ という統計量を考えると，これは標準正規分布に従うことがわかります。そこで，$\hat{p}$ を推定量 $\hat{P}$ の実測値として検定統計量 z_p を計算すると，

$$z_p = \frac{\hat{p} - p_0}{\sqrt{p_0(1 - p_0)/n}} = \frac{0.5325 - 0.5000}{\sqrt{0.5(1 - 0.5)/2000}} = 2.907$$

となります。

一方，標準正規分布の上側確率 1% のパーセント点は，$z(0.01) = 2.326$ と与えられます。したがって，

$$z(0.01) = 2.326 < 2.907 = z_p$$

となり，帰無仮説は棄却され，有意水準 1% で A 氏が当選すると結論付けられます。

10-2 適合度検定

観測された標本データが，想定した確率分布に従う標本であると言えるかどうかを検証するための検定を**適合度検定**といいます。得られた観測データに対して正規分布をあてはめた結果から，母集団が正規分布に従っていると言えるかどうか，あるいは，ある想定される理論分布が既知の場合，標本がその理論分布に従っているかどうかを確かめたい場合などは，適合度検定によって判定することができます。

一般に，標本から正規分布などの確率分布の母数を推定すると，1 つの分布形が定まります。一方，正規分布は計量データを扱う分布ですが，ヒストグラムを描く際に度数分布表を作成したように，いくつかの適切な階級 $A_1, A_2, \cdots, A_K$ に区切って度数（観測頻度）を数え

ることができます。これらの各階級の度数を $f_1, f_2, \cdots, f_K$ とし，標本の数を $n = f_1 + f_2 + \cdots + f_K$ とします。すでに推定されている正規分布に従っていると仮定するとき，この正規分布から得られる標本が階級 A_i に入る理論確率 p_i が計算できます[1]。もし，この理論確率に従ってどれかの階級が生起する試行を n 回繰り返したとき，階級 A_i が発生する頻度の期待値（期待頻度）は np_i になります。このようにして，表 10.1 のような，実際の度数と理論確率から計算される期待頻度の比較表を作ることができます。

表 10.1: 度数と期待頻度

階級	A_1	A_2	$\cdots$	A_K	合計
度数	f_1	f_2	$\cdots$	f_K	n
理論確率	p_1	p_2	$\cdots$	p_K	1
期待頻度	np_1	np_2	$\cdots$	np_K	n

理論確率 p_i は仮定した正規分布を使って計算した確率であるため，これに対して $f_1, f_2, \cdots, f_K$ が従う本当の確率を $p_1^*, p_2^*, \cdots, p_K^*$ としたとき，帰無仮説を

$$H_0 : p_i^* = p_i, \quad (i = 1, 2, \cdots, K)$$

として検定すれば，正規分布を仮定したことが妥当であったかどうかを検定することができます。帰無仮説が成り立つとき，検定統計量

$$\chi^2 = \sum_{i=1}^{K} \frac{(f_i - np_i)^2}{np_i}$$

は，n が十分大きければ，近似的に自由度 $K - 1$ の χ^2 分布に従うことが知られています。この統計量 χ^2 は，観測度数が期待頻度に近いほど小さな値をとり，観測度数が期待頻度から離れるにしたがって大きな値をとるようになります。したがって，この統計量を用いれば，χ^2 分布を用いて，先の帰無仮説 H_0 を検定することができます。ただし，統計量 χ^2 は，観測度数と期待頻度が完全に一致したときに 0 をとり，離れていくほど大きい値をとるので，上側確率 α の片側検定とします。

---

[1] 理論確率は，正規分布表の値を使って計算することができます。

1. 適当な階級 $A_1, A_2, \cdots, A_K$ と，検定したい確率分布の理論確率 $p_1, p_2, \cdots, p_K$ を定める。

2. 帰無仮説 $H_0 : p_i^* = p_i$ (i = 1, 2, $\cdots$, K) と対立仮説 $H_1 : p_i^* \neq p_i$，並びに有意水準 α を設定する。

3. 実際に観測されている度数 $f_1, f_2, \cdots, f_K$ とそれらの期待頻度から，検定統計量

$$\chi^2 = \sum_{i=1}^{K} \frac{(f_i - np_i)^2}{np_i}$$

を計算する。

4. 帰無仮説 H_0 のもとで，統計量 χ^2 は近似的に自由度 $K-1$ の χ^2 分布に従うことから，有意水準 α のもとで，棄却域は，

$$\chi^2_{K-1}(\alpha) < \chi^2$$

となる。

5. 統計量 χ^2 が棄却域に入っているかどうかによって判定し，結論を述べる。
   (a) χ^2 が棄却域に入っていれば，「有意水準 α で，帰無仮説 H_0 は棄却され，対立仮説 H_1 が正しいと言える」と結論付ける。
   (b) χ^2 が棄却域に入っていなければ，「有意水準 α で，帰無仮説 H_0 は棄却されず，対立仮説 H_1 が正しいとは言えない」と結論付ける。

例 10.2　ある飲食店舗で，過去数年間にわたる各曜日の来客人数の観測記録によれば，各曜日の来客割合は表 10.2 のようであったとします。

表 10.2: 各曜日の来客人数の割合（% 表示）

曜日	日	月	火	水	木	金	土	合計
割合	22.5	10.2	9.3	9.0	9.2	14.3	25.5	100.0 %

　今年の初め，店舗の近くに巨大な商業施設がオープンし，客層に変化が見られるようになりました。その影響を受け，各曜日の来客割合に変化が生じたかどうかを確認するため，最近 1 か月の各曜日の来客数を観測したところ，各曜日の観測度数は，次のようになりました。

表 10.3: 各曜日の来客数（最近 1 か月の実績）

曜日	日	月	火	水	木	金	土	合計
来客数	2713	1129	1036	1019	998	1590	3064	11549

このデータをもとに，各曜日の来客人数の割合に変化が生じたかどうかについて検定を行います。表 10.2 と 10.3 を統合し，従来の理論確率から計算される期待頻度を計算すると次のようになります。

表 10.4: 各曜日の来客人数と期待頻度

曜日	日	月	火	水	木	金	土	合計
来客数	2713	1129	1036	1019	998	1590	3064	11549
理論確率	0.225	0.102	0.093	0.090	0.092	0.143	0.255	1.00
期待頻度	2598.53	1178.00	1074.06	1039.41	1062.51	1651.51	2945.00	11549

この表に基づき，検定統計量 χ^2 を計算すると，

$$
\begin{aligned}
\chi^2 &= \frac{(2713-2598.53)^2}{2598.53} + \frac{(1129-1178.0)^2}{1178.0} + \frac{(1036-1074.06)^2}{1074.06} + \frac{(1019-1039.41)^2}{1039.41} \\
&\quad + \frac{(998-1062.51)^2}{1062.51} + \frac{(1590-1651.51)^2}{1651.51} + \frac{(3064-2945.0)^2}{2945.0} \\
&= 19.846
\end{aligned}
$$

となります。一方，χ^2 は自由度 $\phi = 6$ の χ^2 分布に従うので，その上側確率 1% のパーセント点を調べると $\chi_6^2(0.01) = 16.8$ となります。したがって，

$$
\chi_6^2(0.01) = 16.8 < 19.846 = \chi^2
$$

となり，検定統計量が棄却域に入るので，有意水準 1% で帰無仮説 H_0 は棄却され，各曜日の来客人数の割合は変化したと結論付けることができます。

10-3 分割表における独立性の検定

適合度検定は，分割表の形で与えられる 2 次元質的データをもとに，両質的変数がお互いに独立であるかどうかの検定にも応用することができます。このような検定を**独立性の検定**といいます。

一般に，第 4 章 4-1-1 の表 4.3 で示したような $l \times m$ 分割表に対して，周辺和を $x_{i\cdot}$, $x_{\cdot j}$ のように定義しましょう。

$$
\begin{aligned}
x_{i\cdot} &= x_{i1} + x_{i2} + \cdots + x_{im} \\
x_{\cdot j} &= x_{1j} + x_{2j} + \cdots + x_{lj}
\end{aligned}
$$

この周辺和を加えた表を，次の表 10.5 に示します。

表 10.5: 分割表と周辺和

		質的変数 2				
		水準 1	水準 2	$\cdots$	水準 m	周辺和
質的変数 1	水準 1	x_{11}	x_{12}	$\cdots$	x_{1m}	$x_{1\cdot}$
	水準 2	x_{21}	x_{22}	$\cdots$	x_{2m}	$x_{2\cdot}$
	$\vdots$	$\vdots$	$\vdots$	$\vdots$	$\vdots$	$\vdots$
	水準 l	x_{l1}	x_{l2}	$\cdots$	x_{lm}	$x_{l\cdot}$
	周辺和	$x_{\cdot 1}$	$x_{\cdot 2}$	$\cdots$	$x_{\cdot m}$	n

このとき，もし質的変数 1 と質的変数 2 が独立であるなら，水準 (i, j) が起こる確率の推定値 $\hat{p}_{ij}$ は，

$$
\hat{p}_{ij} = \left(\frac{x_{i\cdot}}{n} \right) \left(\frac{x_{\cdot j}}{n} \right)
$$

のように計算されるので，水準 (i, j) の期待度数は，

$$
n\hat{p}_{ij} = \frac{x_{i\cdot} x_{\cdot j}}{n}
$$

と計算されます。このとき，検定統計量 χ^2 は，

$$
\chi^2 = \sum_{i=1}^{l} \sum_{j=1}^{m} \frac{(x_{ij} - n\hat{p}_{ij})^2}{n\hat{p}_{ij}}
$$

で与えられます。この検定統計量 χ^2 は，両質的変数が独立であれば，自由度 $\phi = (l - 1) \times (m - 1)$ の χ^2 分布に従うことが知られています。この事実を用いて，分割表の形で与えられたデータから，両質的変数が独立であるかどうかを検定することができます。

例 10.3 ここでは，第 4 章 4-1-1 の表 4.1 と表 4.2 で扱った例を再度考えてみます。

表 10.6: パチンコと麻雀（観測度数）

	麻雀をする	麻雀はしない	合計
パチンコをする	45	25	70
パチンコはしない	35	95	130
計	80	120	200

これに対し，パチンコの経験と麻雀の経験の関係性が独立である場合のパターンを計算すると表 10.7 のようになりました（第 4 章 4-1-2 の表 4.5 参照）。

表 10.7: パチンコと麻雀（独立である場合の期待度数）

	麻雀をする	麻雀はしない	合計
パチンコをする	28	42	70
パチンコはしない	52	78	130
計	80	120	200

このとき，検定統計量 χ^2 は

$$
\begin{aligned}
\chi^2 &= \frac{(45-28)^2}{28} + \frac{(25-42)^2}{42} + \frac{(35-52)^2}{52} + \frac{(95-78)^2}{78} \\
&= 26.465
\end{aligned}
$$

のように計算されます。この検定統計量は，独立であるとき，自由度 $(2-1) \times (2-1) = 1$ の χ^2 分布に従います。$\chi_1^2(0.01) = 6.63$ であるため，

$$
\chi_1^2(0.01) = 6.63 < 26.465 = \chi^2
$$

となり，独立であるという帰無仮説は棄却され，有意水準 1% で両質的変数には従属の関係がある（独立ではない）と結論付けられます。

10-4 分散分析

2 つの母集団の母平均の差は，t 検定によって検定が可能でしたが，「3 つ以上の母集団についてはどのようにしたらよいか？」という疑問に答えるのが**分散分析**です。

もし，3 つ以上の母集団 $P_1, P_2, \cdots, P_K$ に対して，1 対 1 のすべてのペアを取り出して t 検

定を行おうとすると，$(K-1)K/2$ 通りの組み合わせがあるため，非常に多くの検定を繰り返さないといけなくなります。また，有意水準 α で 2 つの母集団の検定を行った場合，帰無仮説が正しくても誤って対立仮説を有意に採択してしまう確率が α ですが，これは 1 回の検定結果の誤り率である点に注意が必要です。このような検定を独立に N 回繰り返したとすると，「N 回すべてが正しく有意にならない確率」は $(1-\alpha)^N$ となり，「少なくとも 1 回以上，誤って有意にしてしまう確率」は $1-(1-\alpha)^N$ となります。たとえば，$N=10$ 回繰り返した場合には，有意水準 $\alpha=0.05$ のとき $1-(0.95)^{10}=0.401$ とかなり高い確率で，どれかに誤った結果が含まれてしまいます。つまり，多くの母集団から 2 つを取り出して t 検定を行うことをすべて繰り返すと，K の数が多くなるにつれて，誤って有意にする組み合わせの含まれる確率が急激に高まってしまうのです。もはや有意水準 α が何を保証しているのかを解釈することが難しくなります。

このような多群の母集団間の差異を見通しのよい方法で検定するのが分散分析と言えます。分散分析は，英語名で Analysis of Variance を略して **ANOVA** とも言われます。観測データの変動を要因による変動と誤差変動に分解し，それらの比を統計量として検定を行う方法です。分散分析が対象とする問題としては，次のような例が考えられます。

例 10.4 ある原材料を A_1, A_2, A_3, A_4 の 4 社から仕入れたところ，ある製品に加工した際の強度について，仕入れ先の会社によって差があるのではないかとの指摘がありました。そこで，実際に A_1, A_2, A_3, A_4 の 4 社の原材料を使って，それぞれ 10 回ずつ製品に加工して強度を測定しました。この 4（社）× 10（回）のデータを用いて，A_1, A_2, A_3, A_4 の 4 社のあいだで，強度の平均値に差があるかを検定したいものとします。

例 10.5 A_1, A_2, A_3, A_4 の 4 社から仕入れた原料を用いて，かつ B_1, B_2, B_3 という異なる設定温度で，それぞれ 5 回ずつ製品を加工して強度を測定しました。これらのデータから A_1, A_2, A_3, A_4 の 4 社の原材料による強度の差，設定温度による強度の差を検定したいものとします。

分析の対象となっているデータに変動をもたらす要因のことを**因子**といいます。たとえば，例 10.4 では原材料の仕入れ先が因子であり，例 10.5 では原材料の仕入れ先と設定温度の 2 つが因子です。分散分析は，なんらかの因子がとる**水準**によって，平均値に差があるかどうかを検定します。例 10.4 は原材料の仕入れ先として，4 つの水準が設定されていることになります。

例 10.4 のような，因子が 1 つで多水準の場合を**一元配置**，例 10.5 のように，因子が 2 つで，それぞれに多水準が設定されている場合を**二元配置**といいます。要因数が 3 の場合は**三元配置**といい，3 以上の場合は総称して**多元配置**と呼ばれます。

ここでは，表 10.8 に示すような一元配置の場合の分散分析について考えます。

表 10.8: 一元配置のデータ

繰り返し	因子 A			
	水準 A_1	水準 A_2	$\cdots$	水準 A_K
1	x_{11}	x_{21}	$\cdots$	x_{K1}
2	x_{12}	x_{22}	$\cdots$	x_{K2}
3	x_{13}	x_{23}	$\cdots$	x_{K3}
$\vdots$	$\vdots$	$\vdots$	$\cdots$	$\vdots$
n	x_{1n}	x_{2n}	$\cdots$	x_{Kn}

1つの水準に対して n 回のデータがとられています。これは，**実験の繰り返し**と呼ばれ，n は**繰り返し数**といいます。ここで，水準 A_i のデータの平均値を

$$\bar{x}_{i\cdot} = \frac{x_{i1} + x_{i2} + \cdots + x_{in}}{n}$$

全体の平均を

$$\bar{\bar{x}} = \frac{1}{Kn} \sum_{i=1}^{K} \sum_{j=1}^{n} x_{ij}$$

$$= \frac{1}{K} \sum_{i=1}^{K} \bar{x}_{i\cdot}$$

と記述します。

いま，データ全体のばらつきを表わす偏差平方和 S_T を

$$S_T = \sum_{i=1}^{K} \sum_{j=1}^{n} (x_{ij} - \bar{\bar{x}})^2$$

とします。また，因子 A の効果の大きさを表す平方和 S_A を，

$$S_A = \sum_{i=1}^{K} \sum_{j=1}^{n} (\bar{x}_{i\cdot} - \bar{\bar{x}})^2$$

誤差の平方和 S_E を

$$S_E = \sum_{i=1}^{K} \sum_{j=1}^{n} (x_{ij} - \bar{x}_{i\cdot})^2$$

と定義しておきます。S_A は，各水準 A_i の平均 $\bar{x}_{i\cdot}$ が，全体平均 $\bar{\bar{x}}$ からどのくらいばらつい

ているのかを表す量で，これが大きい程，水準間で平均が大きく異なることになります。

このとき，非常に重要な性質として，

$$S_T = S_A + S_E$$

が成り立っています。因子 A の効果による変動 S_A は，要因の水準間での変動を意味することから**群間変動**，同じ水準内の繰り返しに起こる誤差変動 S_E は**群内変動**とも呼ばれます。これは，偏差平方和の分解でしたが，次に，因子 A の効果による分散 V_A，誤差分散 V_E の推定量を求めます。群間変動の自由度は $\phi_A = K - 1$，群内変動の自由度は $\phi_E = K(n - 1)$ と計算され，分散の推定量はこれらを用いて，

$$
\begin{aligned}
V_A &= \frac{S_A}{\phi_A} \\
V_E &= \frac{S_E}{\phi_E}
\end{aligned}
$$

と計算されます。

次に，因子 A の効果による分散 V_A が，誤差分散 V_E と同じ程度かどうかを調べるための検定統計量

$$F = \frac{V_A}{V_E}$$

を考えます。このとき，この検定統計量 F は，因子 A の各水準の平均値間で差がなければ，自由度 (ϕ_A, ϕ_E) の F 分布に従います。したがって，検定統計量の計算値と F 分布を用いて検定を行うことができます。ただし，分散分析では，有意水準 α のとき，上側のみに $100\alpha\%$ の棄却域をとって検定を行います。これは，因子の各水準の平均値に差がなければ，検定統計量 F の期待値は 1 となり，差が大きくなってくると F は 1 よりも大きくなっていくためです。

この一連の手続きは，各要因による変動を分散によって表し，分散比によって検定を行うため，分散分析と呼ばれますが，検定の対象となっているのは（分散ではなく）因子の水準間の平均値の差であることに注意しましょう。

さて，これまで展開してきた一連の分析の計算結果は，表 10.9 のような**分散分析表**にまとめることができます。

表 10.9: 一元配置の分散分析表

要因	平方和 S	自由度 ϕ	分散 V	分散比 F
因子 A	S_A	ϕ_A	$V_A = S_A/\phi_A$	$F = V_A/V_E$
誤差 E	S_E	ϕ_E	$V_E = S_E/\phi_E$	
全体 T	S_T	$\phi_T = \phi_A + \phi_E$		

[参考] **自由度について**

　群間変動の自由度は $\phi_A = K - 1$，群内変動の自由度は $\phi_E = K(n-1)$ と計算しましたが，これらは実質的なデータ数のようなものを表す概念です。第 8 章 8-2-2 の推定で，正規分布の分散の不偏推定量が

$$\hat{\sigma}^2 = \frac{1}{n-1} \sum_{i=1}^{n} (X_i - \bar{X})^2$$

という式になることを示しました。ここでは，n ではなく，$n-1$ で割りましたが，実は $n-1$ は偏差平方和 $\sum_{i=1}^{n} (X_i - \bar{X})^2$ の自由度です。この偏差平方和は $i = 1$ から $i = n$ まで n 個の偏差平方を足し合わせており，$\bar{X}$ が $X_1, X_2, \cdots, X_n$ によって計算される値であるため，$(X_1 - \bar{X})^2$ から $(X_{n-1} - \bar{X})^2$ の $n-1$ 個の項を決めると，残り 1 つの $(X_n - \bar{X})^2$ は自動的に決まります。そのため，自由に決められる項の数ということで「自由度」と呼ばれています。

　因子 A の効果による群間変動 S_A は，全体平均 $\bar{X}$ からの偏差平方和であり，同様の考え方から自由度は，$\phi_A = K - 1$ となります。一方，群内変動は，各水準ともに n 個のデータがあり，個々のデータの水準内平均からの変動和として求められます。したがって，各水準ともに $n-1$ の自由度を持ち，これが K 水準であることから，群内変動の自由度は $\phi_E = K(n-1)$ と計算されます。

　自由度の概念は非常に難しく，統計学を本気で学ぼうとする初学者にとっては 1 つのハードルになっています。ただし，実務上は「推定値を計算するときに使う実質的なデータ数のようなもの」といったイメージで理解しておけば十分でしょう。「習うより慣れよ」の考え方で，それぞれの検定や推定の手順ではガイドラインや参考書の記載に従って，分析を進めていっても大きな問題はありません。実際の分析を重ねて分析手順に慣れてから，理論の理解に戻るほうが早道でしょう。

　なお，全体変動 S_T の自由度 $\phi_T = K_n - 1$ は，

$$\phi_T = \phi_A + \phi_E$$

も成り立っていることに注意してください。

以上の手続きにより，分散分析では，因子の水準間の分散と誤差分散の比を検定統計量として，F分布を用いて，水準間の平均値の差を検定することができます。ただし，どの水準間で差があるのかについてまで特定することができません。もし，複数ある水準のどの水準間で平均値の差があるのかまで調べたい場合には，**多重検定**と呼ばれる手法を導入する必要があります。

例10.6 ある化学プロセスにおいて，3つの設定温度 A_1, A_2, A_3 における収率（％）を測定したところ，表10.10のようになりました。設定温度という因子 A が収率に影響を与えると言えるかどうか，分散分析によって検定してください。

表10.10: 一元配置のデータ

繰り返し	因子 A		
	水準 A_1	水準 A_2	水準 A_3
1	67	56	59
2	63	63	55
3	64	57	58
4	70	56	52

全データの総平均を計算すると，$\bar{x} = 60.0$ であるので，データ全体の総平方和は，

$$
\begin{aligned}
S_T &= \sum_{i=1}^{3} \sum_{j=1}^{4} (x_{ij} - 60.0)^2 \\
&= 318.0
\end{aligned}
$$

となります。因子 A の効果の大きさを表す平方和 S_A は，

$$
\begin{aligned}
S_A &= \sum_{i=1}^{3} \sum_{j=1}^{4} (\bar{x}_{i\cdot} - 60.0)^2 \\
&= 224.0
\end{aligned}
$$

となります。したがって，誤差の平方和 S_E は

$$
S_E = S_T - S_A = 94.0
$$

と与えられます。また，因子 A の平方和 S_A の自由度は $\phi_A = 3 - 1 = 2$，誤差の平方和 S_E の自由度は $\phi_E = 3(4 - 1) = 9$ となります。これから，因子 A の分散 V_A と誤差の分散 V_E は，

$$V_A = \frac{S_A}{\phi_A} = 224.0/2 = 112.0$$

$$V_E = \frac{S_E}{\phi_E} = 94.0/9 = 10.44$$

と計算されます。したがって，分散比は，

$$F = V_A/V_E = 10.728$$

となります。自由度 (2,9) の F 分布の上側確率 5% のパーセント点は $F_{2,9}(0.05) = 4.26$，上側確率 1% のパーセント点は $F_{2,9}(0.01) = 8.02$ となるので，上記の $F = 10.728$ は，これらのどちらよりも大きく，有意水準 1% で要因 A における各水準の平均値には差があると言えます（**1% 有意**）。分散分析表は，表 10.11 のようになります。

表 10.11: 一元配置の分散分析表

要因	平方和 S	自由度 ϕ	分散 V	分散比 F
因子 A	$S_A = 224.0$	$\phi_A = 2$	$V_A = S_A/\phi_A = 112.0$	$F = V_A/V_E = 10.728$ **
誤差 E	$S_{E=}94.0$	$\phi_E = 9$	$V_E = S_E/\phi_E = 10.44$	
全体 T	$S_T = 318.0$	$\phi_T = 11$		

　分散分析表の，分散比 F の値の横にある ** は，1% 有意（高度に有意）であることを意味します。一方，* の場合は **5% 有意** を意味します。

　一般に，仮説検定の多くの場面で興味の対象となるのは，平均値の差の検定ですが，しばしば，分散に差があるかどうかに興味がある場合があります。このような場合には，分散比という統計量を用いて，F 検定が行うことができます。これは，分散の差に関する検定ですので，正規分布ではなく，F 分布を利用することは比較的容易に理解できるでしょう。

　一方で，適合度検定で用いられた χ^2（カイ二乗）分布や分散分析で用いられた F 分布は，ともに分散に関連する標本分布ですので，ときどき「適合度検定や分散分析は，いずれも分散を検定する手法である」という言い方をする人がいますが，この言い方は誤解を生みそうです。

まず，適合度検定は独立性検定とあわせて，ピアソンの χ^2（カイ二乗）検定とも呼ばれ，「観察された事象の相対的頻度が，想定した頻度分布に従うか否か」を検定するものです。そのため，観測値と理論値との差の二乗を理論値で割った商の和という統計量を使っていますが，分散の差異を検定したい訳ではありません。

　分散分析における F 検定も，複数の水準間で平均値に差があるか否かを調べる目的で用いられるもので，分散の差異を検定したい訳ではありません。水準間の平均値の差を分散という統計量でとらえ，これによって，水準間における平均値の差異が，誤差によるものとは言えないほどに大きいか否かという観点で検定を行おうとしています。

　以上のような検定手法は，ビジネス統計のさまざまな場面で適用することができます。たとえば，あるプロモーション施策によって，売り上げやクリック数が向上するか否かを検証する A/B テストを考えてみましょう。このような購買やクリックといった望ましい成果のことを，マーケティングの世界では「コンバージョン」といいます。このコンバージョンの割合（コンバージョン率）を向上させることが施策の目的と考え，さまざまな手を考えるのです。いま，コンバージョン率を向上させると期待できる施策案があり，その効果を A/B テストで検証する場合，実験結果に対してどのような検定手法が適用できるでしょうか。このようなケースに対して，すぐに思いつくのは，コンバージョン数やコンバージョン率を正規分布で近似して，対応のない t 検定によって平均値の差を検定する方法です。一方で，インターネットマーケティングの世界では，しばしば χ^2（カイ二乗）分布を用いた独立性の検定が使われています。こちらは，A 群と B 群におけるコンバージョンという事象の相対的頻度の差異が偶然なのか，意味がある差なのかを検定しています。t 検定は，サンプル数が比較的大きく，正規分布で近似できると判断される場合には適切ですが，それが不確かな状況では，χ^2（カイ二乗）分布で独立性の検定を用いた方が無難であるという考え方によるものです。実際の検定を用いる場面では，A 群と B 群で大きくコンバージョン率が異なる場合には，t 検定も χ^2（カイ二乗）もともに有意という結論を導くことが多いでしょう。

章末問題

1. **確率 p である事象が起こることを仮定し，n 回の試行のうちでこの事象が起こった回数の比率から $p = p_0$ であるかどうかを検定する方法として，次のなかからもっとも正しい説明を選んでください。**

   (1) 比率の推定量 $\hat{p}$ は，出現頻度をデータ数で割ったものであるので，F 分布を用いて検定を行う

   (2) 比率の推定量 $\hat{p}$ は，計数データの比率であるので，ポアソン分布を用いて検定を行う

(3) 標本数 n が十分大きければ，比率の推定量 $\hat{p}$ は近似的に正規分布 $N(p, p(1-p)/n)$ に従うので，正規分布を用いた検定を行う

(4) 比率の検定は，$np < 5$, または $n(1-p) < 5$ のときにのみ，検定を行うことができる

2. **適合度検定について，次のなかから誤っている説明を選んでください。**

(1) 適合度検定では，χ^2 分布を用いて検定を行う

(2) 適合度検定では，上側確率のみを用いた片側検定で判定する

(3) 適合度検定では，度数と期待頻度の差分を二乗し，期待頻度で割った値をすべての階級について足し込んだものを検定統計量とする

(4) 適合度検定で用いられる統計量の自由度は，データ数から階級数を引いたものになる

3. **分散分析について，次のなかから誤っている説明を選んでください。**

(1) 分散分析は，因子の水準間で平均値が異なっているかどうかを検定するための方法である

(2) 分散分析は，群間の偏差平方和と群内の偏差平方和の比を検定統計量として検定を行う

(3) 分散分析では，分散分析表という表を作成して，その計算プロセスをまとめる

(4) 分散分析では，因子による変動と誤差による変動の自由度を求めなければならない

4. **分散分析について，次のなかから正しい説明を選んでください。**

(1) 分散分析は，1 因子かつ，その水準が 2 であるときに適用すべきではない

(2) 分散分析は，因子の水準間で誤差のばらつきが異なっているかどうかで検定を行う

(3) 分散分析では，因子のどの水準の間で差が生じているのかを特定することができる

(4) 分散分析では，群間変動と群内変動の差を検定統計量として検定を行う

第11章

相関と回帰

2つの対応のある標本のまとめ方については，第4章で，散布図や相関係数を紹介しましたが，これらの方法は記述統計の枠組みに留まっていました。2変量的変数の分析法としては，母集団に関する推測を行う推測統計の枠組みにおいて，さらに高度な分析方法があります。本章では，そのような方法の基礎である相関分析と回帰分析について説明します。

これらの分析は，実際のビジネスの現場でもよく用いられている手法です。以前は性能のよいコンピューターを用いて，自分でプログラムを組む必要がありましたが，現在はエクセルで簡単に操作することで結果が得られます。本章でも，理解を深めるために数式を用いていますが，式の展開などを厳密に覚える必要はありません。本章で示した基本的な用語や意義を理解して，ビジネスに活用してください。

 11-1 相関分析

● 11-1-1 散布図と相関係数

すでに，第4章において2変量の量的データのまとめ方について述べました。間隔尺度，または比率尺度である n 組の2変量データを (x_{11}, x_{12})，(x_{21}, x_{22})，$\cdots$，(x_{n1}, x_{n2}) とし，両変数の平均値を

$$\bar{x}_1 = \frac{1}{n} \sum_{i=1}^{n} x_{i1}, \quad \bar{x}_2 = \frac{1}{n} \sum_{i=1}^{n} x_{i2}$$

不偏分散を

$$s_1{}^2 = \frac{1}{n-1} \sum_{i=1}^{n} (x_{i1} - \bar{x}_1)^2, \quad s_2{}^2 = \frac{1}{n-1} \sum_{i=1}^{n} (x_{i2} - \bar{x}_2)^2$$

としたとき，x_1 と x_2 の**相関係数** r は次式で定義されます。

$$r = \frac{s_{12}}{s_1 s_2}$$

これは標本から計算される相関係数という意味で**標本相関係数**[1]とも呼ばれます。ただし，s_{12} は x_1 と x_2 の**共分散**と呼ばれる統計量で，

$$s_{12} = \frac{\sum_{i=1}^{n}(x_{i1} - \bar{x}_1)(x_{i2} - \bar{x}_2)}{n-1}$$

で与えられます。s_1 と s_2 は，それぞれ x_1 と x_2 の標準偏差です。

　この（標本）相関係数はとても便利な尺度であり，多変量のデータに対して普通の統計解析のツールを使えば，すぐにすべての 2 変数間の相関係数を計算することができ，その絶対値が大きいものには色を付けたり，アスタリスク (*) を付与して強調されていることもあります。しかし，相関係数のみを過度に信用するのは危険です。

　多変量のデータから得られた場合には，いきなり相関係数を計算するのではなく，まず 2 変数ごとの関係性を**散布図**を用いて確認する癖をつけるとよいでしょう。散布図は，2 変量のデータ間の関係性を可視化するためにとても重要であり，多くの場合，統計分析の手法を適用する前提条件が成り立っているかどうかを確認することができます。

　相関係数は，外れ値があると実際の相関関係よりも大きな値となることもあります。また，非線形の関係がある場合にも，相関係数ではそのような従属関係をとらえることはできません。また，たとえば図 11.1 のような散布図が得られたとします。このまま相関係数を計算すれば正の相関を示すでしょうが，意味があるとは考えられません。そもそも全データの平均値は，離れて分布している 2 つの群の真ん中あたりに来てしまって，平均値が分布全体を代表していません。おそらく二山のヒストグラムのときと同様，なんらかの 2 つの分布が混ざっている可能性が考えられるので，適切な**層別**が有効になる場合もあります。

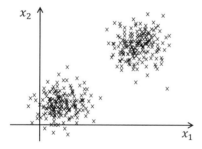

図 11.1: 散布図の例

---

[1] この相関係数は間隔尺度や比率尺度の 2 変量データに対して計算される**ピアソンの相関係数**（または，**ピアソンの積率相関係数**）とも呼ばれるものであり，順序尺度のデータに対しては**スピアマンの相関係数**が使われます。ここでは，間隔尺度，または比率尺度の 2 変量データを扱っているので，相関係数はピアソンの相関係数の意味で用いるものとします。

次項で説明する相関の検定や回帰分析は，2 変量間に線形の関係が存在していることを仮定しています。したがって，きちんと散布図などを描いて，外れ値の存在や層別の必要性について吟味(ぎんみ)されていることを前提とした方法と言えるでしょう。常に，そのような「分析手法の前提が成り立っているかどうか」を確認してから，統計分析の手法を適用するという姿勢が，実務においてはとても重要です。データの分布に，異常値や非線形関係などの問題がない場合には，相関係数の大きさによる相関の強さに関する解釈はだいたい表 11.1 のようになります。

表 11.1: 相関係数の値と相関の強さ

相関係数の範囲	解釈
$r = 0.0$	相関なし
$0.0 < |r| \leq 0.2$	ほとんど相関なし
$0.2 < |r| \leq 0.4$	弱い相関あり
$0.4 < |r| \leq 0.7$	やや強い相関あり
$0.7 < |r| \leq 1.0$	強い相関あり

● 11-1-2 相関の検定

　2 変量の間に非線形な関係や外れ値が存在しなかったとして，「2 変量間に相関があるかどうかを検証したい」というケースはあり得ます。一般に標本データから計算される**標本相関係数** r は，標本をサンプリングし直すと値が変わる，いわば確率変数の実測値です。すなわち，母集団には真の相関係数（**母相関係数**）ρ が存在しており，r は標本から計算された ρ の推定値と考えることができます。

　いま，X_1 は正規分布 $N(\mu_1, \sigma_1^2)$ に従い，X_2 は正規分布 $N(\mu_2, \sigma_2^2)$ に従うものとします。このとき，母相関係数 ρ は X_1 と X_2 が独立であれば $\rho = 0$ となり，無相関となります。

　「X_1 と X_2 が無相関か，それとも相関があるか」という問いには，帰無仮説を

$$H_0 : \rho = 0$$

とし，対立仮説を

$$H_1 : \rho \neq 0$$

とする仮説検定によって検証します。母相関係数 ρ が，$\rho = 0$ である場合の統計量の標本分布については，次の事実が知られています。

┌─ **標本相関係数の分布（$\rho = 0$ の場合）** ───────────

母相関係数 ρ が $\rho = 0$ である場合，n 個の標本データから計算される相関係数 r を用いて，統計量

$$T = \frac{|r|\sqrt{n-2}}{\sqrt{1-r^2}}$$

を計算すると，これは自由度 $\phi = n - 2$ の t 分布に従う。
└────────────────────────────────

　この性質から，帰無仮説 H_0 を $\rho = 0$ とする場合に対しては，t 分布を用いて検定が可能となります。この検定を，**無相関検定**といいます。通常は「相関があるか否か」に興味があるので，検定という意味では，実務上はこの無相関検定で，ほぼ事足りるでしょう。

　一方，$\rho_0 \neq 0$ とし，帰無仮説 H_0 を $\rho = \rho_0$ とする場合は，上で示した統計量を用いることはできません。また，無相関検定で帰無仮説が棄却された場合の信頼区間を求める場合にも，相関係数が 0 でない場合の標本分布を用いる必要があります。その際に有用となるのが次の**フィッシャーの Z 変換**[2]と呼ばれる方法です。

┌─ **標本相関係数の分布（$\rho \neq 0$ の場合）** ───────────

母相関係数 ρ が $\rho \neq 0$ である場合，n 個の標本データから計算される相関係数 r を，統計量

$$Z_r = \frac{1}{2} \log_e \left(\frac{1+r}{1-r} \right)$$

と変換すると，この統計量 Z_r はサンプル数 n が十分大きいとき，近似的に，

$$\text{平均}: \mu_z = \frac{1}{2} \log_e \left(\frac{1+\rho}{1-\rho} \right), \quad \text{分散}: \sigma_z^2 = \frac{1}{n-3}$$

の正規分布 $N(\mu_z, \sigma_z^2)$ に従う。
└────────────────────────────────

　この性質から，母相関係数 ρ の信頼区間を求めることができ，帰無仮説 $\rho = \rho_0$ を検定できます。まとめると，無相関検定の手続きは，次のようになります。

---

[2] 制御理論や信号処理の理論において，Z 変換と呼ばれる手法が活用されますが，フィッシャーの Z 変換とはまったくの別物です。制御や信号処理で扱われる Z 変換は，離散数列に対するラプラス変換とも言える関数解析の手法の 1 つであり，伝達関数を用いてシステムの入出力特性を解析するための方法です。

1. 帰無仮説 $H_0 : \rho = 0$ と対立仮説 $H_1 : \rho \neq 0$，並びに有意水準 α を設定する。

2. 帰無仮説 H_0 のもとで，検定統計量

$$T = \frac{|r|\sqrt{n-2}}{\sqrt{1-r^2}}$$

は自由度 $\phi = n - 2$ の t 分布に従うので，有意水準 α により棄却域を定める。

3. 実際に観測された標本から，標本相関係数 r を求め，統計量の実測値

$$t = \frac{|r|\sqrt{n-2}}{\sqrt{1-r^2}}$$

を求める。

4. 統計量の実測値 t が棄却域に入っているかどうかによって判定し，結論を述べる。

   (a) 統計量の実測値 t が棄却域に入っていれば，「有意水準 α で，帰無仮説 H_0 は棄却され，対立仮説 H_1 が正しい」，つまり「相関がある」と結論付ける。

   (b) 統計量の実測値 t が棄却域に入っていなければ，「有意水準 α で，帰無仮説 H_0 は棄却されず，対立仮説 H_1 が正しいとは言えない」，つまり「相関があるとは言えない」と結論付ける。

5. 帰無仮説が棄却され「相関がある」と結論付けられた場合には，信頼係数 $1 - \alpha$ の信頼区間を

$$\rho_1 < \rho < \rho_2$$

とした区間推定を行う[3]。

　最近の統計解析のソフトウェアでは，２つの量的データの相関係数について，無相関検定で５％有意を意味する「有意」，または１％有意を意味する「高度に有意」の情報を付与し

---

[3] ρ_1 と ρ_2 は Z 変換の逆変換を用いて求められる値になります。数式が複雑になるので，詳細については，ここでは省略します。

てくれるものも多くあります。ただし，データ数が非常に多い場合には，検定の検出力が高まるため，標本から計算した相関係数の絶対値が小さくても有意になってしまう場合があります。統計的に有意になっても，2変数間の因果関係がどのくらい強いものであるかについては別途慎重に検討する必要があるでしょう。

● 11-1-3 見せかけの相関

2つの量的データ間の相関係数は意味がわかりやすく，利用価値が高い統計量です。d個の変数の値がセットで与えられるようなd次元のデータに対しても，そのうちの2つを取り出して相関係数を計算する操作をすべての組み合わせに対して行って表にすれば，多次元データの大体の傾向をつかむことが可能です。

一方で，d次元の多変量データを扱う場合には，相関係数はあくまでそのうちの2つの変数間の統計的な関係性のみを見ていることに注意しなければなりません。その他の$d - 2$個の変数が同時にどのように動いているのか，さらにはデータの背後になんらかの潜在的な関係性が存在するかどうかについてはいっさい考慮していないからです。

第4章でも説明した**見せかけの相関**，あるいは**疑似相関**については，相関分析では問題を発見することが難しいので，技術的な観点から，両変数の間に本当に因果関係があるのかどうかを検討しなければなりません。検定の手順等を習得することばかりにとらわれず，目の前で起こっている現実事象の因果関係をきちんと推察する力を養うことも大切です。

11-2 単回帰分析

相関分析は，2つの量的データの直線的関係について分析するものでした。一般に，全データが完全に直線上に乗っていれば，相関係数は1か−1の値をとります。全データが乗っている直線の式が$x_2 = x_1$であっても，$x_2 = 0.001x_1$であっても，あるいは$x_2 = 1000x_1$であっても，これは変わらず，相関係数は1か−1です。一方，$x_2 = 1000x_1$という関係は，x_1が1だけ増加するとx_2は1000も増加するのに対し，$x_2 = 0.001x_1$のほうはx_1が1だけ増加してもx_2はほとんど変わりません。けれど，相関分析ではこのような関係の違いについては明らかにしません。

そこで，このような両変数間の関係を，直線の式をあてはめて分析しようとするのが**回帰分析**です。ここでは，説明変数が1つだけの場合である**単回帰分析**について説明します。回帰モデルは，直線をあてはめる分析法であるため，散布図を描いたとき，図11.2のように，データの分布が曲線となっている場合には，注意が必要です。

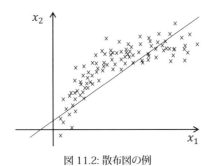

図 11.2: 散布図の例

　実際のところ，図 11.2 のような分布をすることは意外に多いものです。このような場合には，変数を**対数変換**[4]するなど，適切な処置をほどこしてから直線をあてはめる必要があることに注意しなければなりません。対数変換など，適切な関数を用いて説明変数を変換する操作を総称して，**変数変換**と呼びます。変数変換に用いる関数には，対数関数以外にも多項式関数や指数関数などがあります。また，2 つ以上の説明変数を合成することも可能です。ただし，その操作には非常にさまざまなバリエーションが考えられるため，対象問題の性質を十分に考慮して，分析者が適切に設定しなければなりません。

● 11-2-1 単回帰モデル

　単回帰モデルとは，2 つの量的データ間の関係を直線を用いて表現したモデルです。相関分析では，2 つの量的データは対等に扱われましたが，単回帰モデルでは，一方の変数を用いて他方の変数を予測する形のモデルとします。そのため，これらの従属関係をわかりやすくするため，2 つの確率変数を X, Y と記述し，

$$Y = \beta_0 + \beta_1 X + \varepsilon$$

というモデルを考えてみます。ただし，β_0 と β_1 は定数で，ε は誤差を表す確率変数です。このモデルは，X を用いて Y の構造を説明しようとする形となっており，X を**説明変数**，Y を**目的変数**といいます。X と Y は，それぞれ**独立変数**，**従属変数**と呼ばれることもあります。また，誤差項である ε は $E[\varepsilon] = 0$ を満たす確率変数とします。β_0 と β_1 は単回帰モデルのパラメータであり，**回帰係数**と呼ばれます。このモデルは，X と Y が直線的な関係にあり，線形モデルと呼ばれる統計モデルの一種になります。

　対数を用いて，説明変数を変数変換した場合には，

---

[4] 対数変換とは，変数 x を対数関数 $f(x) = \log x$ を用いて変換することをいいます。対数関数の底は，データに合わせて分析者が適当に設定します。

$$Y = \beta_0 + \beta_1 \log X + \varepsilon$$

というモデルになります。X と Y の関係が直線的ではありませんので，非線形モデルと勘違いされることも多いのですが，

$$\widetilde{X} = \log X$$

と対数変換を施して，$\widetilde{X}$ という変数を作ってから，

$$Y = \beta_0 + \beta_1 \widetilde{X} + \varepsilon$$

というモデルを考えれば，以後の分析の手続きは同じですので，これも線形モデルに分類されます。

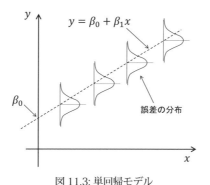

図 11.3: 単回帰モデル

●11-2-2 回帰係数の推定方法

n 組のデータ $(X_1, Y_1), (X_2, Y_2), \cdots, (X_n, Y_n)$ が与えられたもとで，未知の回帰係数 β_0，β_1 を推定する問題を考えます。このとき，$i = 1, 2, \cdots, n$ に対して，

$$Y_i = \beta_0 + \beta_1 X_i + \varepsilon_i \qquad (式 11\text{-}1)$$

という構造を仮定したもとで，β_0，β_1 を推定することになります。そのために，ε_i に対しては，次の重要な 4 つの性質を満たすことを仮定しなければなりません。以下に 4 つの仮定を参考までに示します。厳密な分析を必要とする場合には，この誤差の仮定が十分に満たしているかを確認することが望ましいと考えられています。

独立性　相異なる i と j に対して，ε_i と ε_j は独立である。

不偏性　誤差 ε_i の期待値は 0 である。つまり，$i = 1, 2, \cdots, n$ に対して，$E[\varepsilon_i] = 0$

等分散性　すべての $i = 1, 2, \cdots, n$ に対して ε_i の分散は等しい。

正規性　ε_i は正規分布に従う。

これらの誤差の 4 つの仮定をすべて合わせると，「$i = 1, 2, \cdots, n$ に対して，誤差 ε_i は独立に正規分布 $N(0, \sigma_\varepsilon^2)$ に従う」と仮定することになります。一方，このように 1 つの文章で仮定を定めずに，誤差の 4 つの仮定を明示するのは，次に述べる回帰係数の推定方法が正しい結果を導くための仮定として，独立性，不偏性，等分散性，正規性の順番で重要であることを強調するためです。実問題に回帰分析を適用した際，正規性や等分散性が厳密に成り立っていないこともよくあります。その場合は，手法の仮定が成り立っていないことが分析結果に影響を与えていることを理解したうえで，結果を解釈するのであれば問題は少ないでしょう。一方，独立性と不偏性が成り立っていない場合には，推定された回帰係数は信頼できない可能性が高いので注意しましょう。

さて，実際に観測された n 組のデータ $(x_1, y_1), (x_2, y_2), \cdots, (x_n, y_n)$ が与えられたもとで，未知の回帰係数 β_0, β_1 を推定する問題は，データの散布図に対して直線をあてはめる問題と同等です。

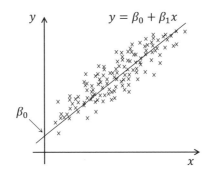

図 11.4: 単回帰モデルのあてはめ

直線は $y = \beta_0 + \beta_1 x$ という式で与えられ，各データ (x_i, y_i) に対して，$y_i - (\beta_0 + \beta_1 x_i)$ は x_i に対する直線上の y と実際に観測された y_i の差を表し，この値が小さいほど，直線はデータにあてはまっていると言えます。そこで，データの分布をもっともよく表す直線をあてはめるために，その平方和

$$J = \sum_{i=1}^{n} \{y_i - (\beta_0 + \beta_1 x_i)\}^2$$

をもっとも小さくするような β_0, β_1 を求めることを考えてみます。このように，モデルの推定値と実際の値の差分の平方和を表す J を**残差平方和**といい，この J を最小化するようにパラメータを推定する方法を**最小二乗法**といいます。回帰モデルの誤差の 4 つの仮定が成り立っている場合，この最小二乗法は適切な推定方法になっており，とても望ましい性質を持つことが知られています[5]。この残差平方和を最小とする推定量は**最小二乗推定量**と呼ばれ，次のようになることが知られています。

単回帰モデルの最小二乗推定量

n 組のデータに対する残差平方和

$$J = \sum_{i=1}^{n} \{y_i - (\beta_0 + \beta_1 x_i)\}^2$$

を最小とする回帰パラメータ β_0, β_1 の最小二乗推定量 $\hat{\beta}_0, \hat{\beta}_1$ は，

$$\hat{\beta}_1 = \frac{S_{xy}}{S_{xx}}$$
$$\hat{\beta}_0 = \bar{y} - \hat{\beta}_1 \bar{x}$$

で与えられる。ただし，

$$S_{xy} = \sum_{i=1}^{n} (x_i - \bar{x})(y_i - \bar{y})$$
$$S_{xx} = \sum_{i=1}^{n} (x_i - \bar{x})^2$$

であり，$\bar{x}$ は $x_1, x_2, \cdots, x_n$ の標本平均，$\bar{y}$ は $y_1, y_2, \cdots, y_n$ の標本平均である。

---

[5] 不偏性が成り立っていない場合には，β_0 は正しい値が推定できません。等分散性が成り立っていない場合には，データ (x_1, y_1), (x_2, y_2), $\cdots$, (x_n, y_n) によって大きな誤差が入ったり，あまり大きな誤差が入らなかったりするので，n 個のデータの二乗和をすべて同等に扱って加算した残差平方和 J を最小化してよいとは言えなくなります。このように，誤差の 4 つの仮定のうち正規性以外は，最小二乗法を用いることの根拠を与えています。一方，誤差の正規性は，回帰係数が推定された後，検定を行ったり，予測の区間推定を行ったりする際に必要となる仮定です。また，誤差の 4 つの仮定が成り立つとき，回帰パラメータの最小二乗推定量は最良線形不偏推定量 (BLUE: Best Linier Unbiased Estimator) というとても好ましい推定量になっていることも知られています。

また，このようにして得られた最小二乗推定量 $\hat{\beta}_0, \hat{\beta}_1$ で計算される $\hat{\varepsilon}_i = y_i - (\hat{\beta}_0 + {}_1 x_i)$ は，**残差**と呼ばれます[6]。残差については，以下の性質が成り立ちます。

残差の性質

残差 $\hat{\varepsilon}_i = y_i - (\hat{\beta}_0 + \hat{\beta}_1 x_i)$ に対し，以下が成り立つ。

$$\sum_{i=1}^{n} \hat{\varepsilon}_i = 0$$

$$\sum_{i=1}^{n} x_i \hat{\varepsilon}_i = 0$$

● 11-2-3 あてはまりのよさの検討

最小二乗法により，回帰係数 β_0, β_1 を求めることはできますが，得られた回帰モデルが，実際のデータにどれくらいよくあてはまっているのかを確認しておく必要があります。その検討のための指標について考えてみます。

$y_i = \hat{\beta}_0 + \hat{\beta}_1 x_i + \hat{\varepsilon}_i$ と $\bar{y} = \hat{\beta}_0 + \hat{\beta}_1 \bar{x}$ とから，

$$y_i - \bar{y} = \hat{\beta}_1 (x_i - \bar{x}) + \hat{\varepsilon}_i$$

という関係が成り立っています。両辺を二乗して和をとると，「残差の性質」の2つの式が成り立っていることから，

---

[6] 残差と誤差の違いを正しく認識する必要があります。誤差は，真の回帰モデルにおいて $\beta_0 + \beta_1 X$ という X で説明できる Y の値（X が与えられたときの Y の平均値）に加えられる確率変数で，$\beta_0 + \beta_1 X$ で説明できないばらつきやノイズを意味します。真のパラメータを知らない統計家にとっては，その実現値を正しく知ることはできない確率変数です。

　一方，残差は，統計家が推定した式では説明できないデータの部分を指し，実際の値と推定値の差分を意味します。つまり，残差は誤差の推定値と言えます。統計家自身が計算して割り出した推定値を用いるので，残差は標本データの組それぞれに対して計算できます。

$$\sum_{i=1}^{n} (y_i - \bar{y})^2 = \sum_{i=1}^{n} (\hat{\beta}_1 (x_i - \bar{x}) + \hat{\varepsilon}_i)^2$$

$$= \hat{\beta}_1^2 \sum_{i=1}^{n} (x_i - \bar{x})^2 + \sum_{i=1}^{n} \hat{\varepsilon}_i^2 + 2\hat{\beta}_1 \sum_{i=1}^{n} (x_i - \bar{x})\hat{\varepsilon}_i$$

$$= \hat{\beta}_1^2 \sum_{i=1}^{n} (x_i - \bar{x})^2 + \sum_{i=1}^{n} \hat{\varepsilon}_i^2$$

と展開することができます。左辺の $\sum_{i=1}^{n} (y_i - \bar{y})^2$ は y_i を単一データとして見たときの偏差平方和（全体平方和と呼びます）です。一方，右辺第一項の $\hat{\beta}_1^2 \sum_{i=1}^{n} (x_i - \bar{x})^2$ は**回帰平方和**と呼ばれ，x_i を回帰式に代入したときの y の推定値 $\bar{y}$ の偏差平方和を表します。右辺第二項の $\sum_{i=1}^{n} \hat{\varepsilon}_i^2$ は**残差平方和**と呼ばれ，文字どおり，残差の平方和です。つまり，$\sum_{i=1}^{n} (y_i - \bar{y})^2$ を y_i の全体の偏差平方和と見たとき，これが回帰式で説明できる部分の回帰平方和 $\hat{\beta}_1^2 \sum_{i=1}^{n} (x_i - \bar{x})^2$ と残差平方和 $\sum_{i=1}^{n} \hat{\varepsilon}_i^2$ に分解できることを意味します。

もし，回帰平方和が残差平方和に比べて大きい場合には，目的変数の全体平方和のうちの多くの部分を回帰モデルで説明できていることを意味します。そこで，回帰平方和を全体平方和で割った指標

$$R^2 = \frac{\hat{\beta}_1^2 \sum_{i=1}^{n} (x_i - \bar{x})^2}{\sum_{i=1}^{n} (y_i - \bar{y})^2} = 1 - \frac{\sum_{i=1}^{n} \hat{\varepsilon}_i^2}{\sum_{i=1}^{n} (y_i - \bar{y})^2}$$

は**寄与率**，または**決定係数**と呼ばれ，モデルのあてはまりのよさを測る尺度とすることができます。R^2 は，平方和は非負であることから，$0 \leq R^2 \leq 1$ を満たし，R^2 が 1 に近いほど，推定された回帰モデルのデータへのあてはまりがよいことを意味します。実務上は，寄与率が 0.8 を超えると非常にあてはまりがよく，0.6 程度でも利用可能なモデルと見なされますが，0.4 を下回るとあまりデータへのあてはまりがよいモデルとは言えません。

また，

$$R^2 = \frac{(S_{xy}/S_{xx})^2 S_{xx}}{S_{yy}} = \left(\frac{S_{xy}}{\sqrt{S_{xx}} \sqrt{S_{yy}}} \right)^2$$

と変形できるので，R^2 は，標本データ x_i と y_i $(i = 1, 2, \cdots, n)$ の相関係数の二乗になっていることもわかります。まとめると，次のようになります。

寄与率

回帰平方和を全体平方和で割った指標

$$R^2 = \frac{\hat{\beta}_1^2 \sum_{i=1}^{n}(x_i - \bar{x})^2}{\sum_{i=1}^{n}(y_i - \bar{y})^2} = 1 - \frac{\sum_{i=1}^{n} \hat{\varepsilon}_i^2}{\sum_{i=1}^{n}(y_i - \bar{y})^2}$$

は**寄与率**，または**決定係数**と呼ばれ，推定されたモデルの説明力を測る尺度として用いられる。$0 \le R^2 \le 1$ を満たし，R^2 が 1 に近いほど，推定された回帰モデルのデータへのあてはまりがよい。

　また，寄与率 R^2 は，標本データ x_i と y_i $(i = 1,2,\cdots,n)$ の相関係数の二乗に等しい。

● 11-2-4 残差の検討

　回帰係数が求まり，寄与率も確認した後は，残差について確認を行う必要があります。回帰分析では，誤差に 4 つの仮定を置いていますが，その仮定が崩れている場合には，それを考慮に入れて推定された回帰モデルを解釈しなければなりません。

　たとえば，残差のヒストグラムが図 11.5 のようになっている場合には，分布に歪みが見られるので，誤差の正規性は成り立っていない可能性が高くなります。

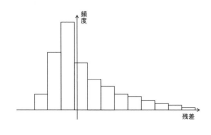

図 11.5: 残差のヒストグラム

　また，図 11.6 に示すような回帰の予測値 $\hat{y}_i = \hat{\beta}_0 + \hat{\beta}_1 x_i$ と実測値 y_i の散布図も有用です。データがすべて回帰直線上に乗っていれば，原点を通る傾き 45 度の直線 $y = \hat{y}$ にデータが乗るはずであり，そこからのずれが残差を表しています。最小二乗法は，その性質上，外れ値のようなデータが入ると，回帰直線がそのデータに引っ張られてしまいます。散布図にすることでそのような外れ値の存在や等分散性が成り立っているかどうかを視覚的にとらえることができます。

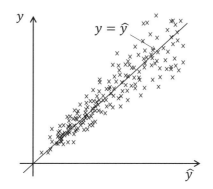

図 11.6: 目的変数の予測値と実測値の散布図

　図 11.6 の例は，予測値 $\hat{y}$ が大きくなるほどに，残差のばらつきが大きくなる傾向が見られます。つまり，誤差の等分散性の仮定が崩れている可能性が高いことを表します。

　以上のように残差の分布が左右非対称であったり，等分散性が成り立っていない場合には，次に述べる回帰に関するさまざまな検定や区間推定の前提が崩れているので，結果の信頼性が十分でないことを理解しておく必要があります。

● 11-2-5 最小二乗推定量の確率分布

　最小二乗推定量によって，回帰係数を推定することができ，さらに寄与率によってモデルのあてはまりのよさも評価することができましたが，さらに回帰係数に対して検定や区間推定をしたり，ある x が与えられたときの y の予測値を区間推定したいという場合には，得られた推定量の確率分布が必要になります。

　ここでは，11-2-2 の（式 11-1）のモデルに対し，誤差の 4 つの仮定が成り立つ，つまり，誤差 ε_j が互いに独立に正規分布 $N(0, \sigma_\varepsilon^2)$ に従っているものとします。この場合の各推定量の確率分布について，知られている結果についてまとめてみましょう。

> **最小二乗推定量 $\hat{\beta}_1$ の確率分布 (1)**
>
> 　（式 11-1）のモデルに対し，誤差の 4 つの仮定が成り立っているとき，β_1 の最小二乗推定量 $\hat{\beta}_1$ に対し，
>
> $$Z_{\beta_1} = \frac{\hat{\beta}_1 - \beta_1}{\sqrt{\sigma_\varepsilon^2 / S_{xx}}}$$
>
> は標準正規分布 $N(0, 1^2)$ に従う。

ここで，誤差分散 σ_ε^2 は通常は未知であることに注意しましょう。そこで，その推定量で置き換えた統計量の確率分布を考えてみます。残差平方和 $\sum_{i=1}^{n} \hat{\varepsilon}_i^2$ の自由度は $n-2$ であり，

$$\chi_\varepsilon^2 = \sum_{i=1}^{n} \left(\frac{\hat{\varepsilon}_i}{\sigma_\varepsilon} \right)^2$$

は自由度 $n-2$ の χ^2 分布に従います。これは，n 組のデータから，2つの回帰係数 β_0, β_1 を最小二乗法で推定することで，残差の平均値が 0 と求められているためです[7]。そのため，誤差分散 σ_ε^2 の推定量 s_ε^2 は，

$$s_\varepsilon^2 = \frac{1}{n-2} \sum_{i=1}^{n} \hat{\varepsilon}_i^2$$

で与えられます。

最小二乗推定量 $\hat{\beta}_1$ の確率分布 (2)

　（式 11-1）のモデルに対し，誤差の4つの仮定が成り立っているとき，β_1 の最小二乗推定量 $\hat{\beta}_1$ に対し，統計量

$$T_{\beta_1} = \frac{\hat{\beta}_1 - \beta_1}{\sqrt{s_\varepsilon^2 / S_{xx}}}$$

は自由度 $n-2$ の t 分布に従う。

　統計解析のソフトウェアで分析すると，回帰係数に **t値** という値が付与されることがありますが，これは $\beta_1 = 0$ とした場合の上記の検定統計量の値，つまり

$$T_{\beta_1} = \frac{\hat{\beta}_1}{\sqrt{s_\varepsilon^2 / S_{xx}}}$$

の実現値を指しています。これは $\beta_1 = 0$ は「説明変数が目的変数にまったく影響を与えない」という状況であるので，これを帰無仮説としたときの検定統計量 T_{β_1} の値を見ることで，その回帰係数に意味があるかどうかを判断できるためです。
　実務上は，t 値の絶対値が 2 よりも大きい場合には，その回帰係数に意味があると解釈さ

---

[7] データ $x_1, x_2, \cdots, x_n$ の分散を推定するときには，まずその平均値 $\bar{x}$ を求めてからその偏差平方和を求めたので，平均値という母数1つを推定したことによって自由度が1つ落ちて，$n-1$ となりました。回帰分析では，2つの回帰係数 β_0, β_1 を n 組のデータから推定したことによって自由度が2つ落ちて $n-2$ となります。

れることも多いですが，厳密には t 検定によって検定をすればよいでしょう。この場合は，自由度 $n-2$ の t 分布を用いて計算した回帰係数の **p 値**を用いることができます。p 値は，$\beta_1 = 0$ という帰無仮説のもとで，得られた t 値よりも可能性の低い t 値が生起する確率を意味しているので，これが 0.05 以下であれば 5 % 有意，0.01 以下であれば 1 % 有意（高度に有意ともいいます）となります。

　また，詳しい理論的側面は省略しますが，推定された回帰モデルに対して，新しい x を入力したときの y の予測値として，信頼係数を $1-\alpha$ とする区間推定を適用することができます。これを，**目的変数の予測区間**といいます。予測区間を示すことで，説明変数が与えられたもとで目的変数が入る範囲を示すことが可能です。

　相関係数は，2 つの量的変数間の関係性を調べるために重要な尺度となっています。ただし，相関係数は，散布図を描いたときに，2 つの量的変数が互いに右肩上がりの関係，もしくは右肩下がりの関係（線形の関係）にあるかどうかを判定していることに注意する必要があります。したがって，相関係数が ＋ 1 や － 1 に近いときは，単回帰式によって直線的なあてはめがうまくいくことを暗に示唆しているのです。

　相関係数の値が 0 に近いからと言って，2 つの量的変数の間に従属関係がないとは言い切れません。2 つの量的変数間に従属関係があったとしても，それが曲線的な関係であると，しばしば相関係数が 0 に近くなることがあります。たとえば，散布図を描いたときに，ドーナッツのように，中心付近にはデータがなく，その周辺に円状にデータが散布しているような場合に，相関係数がどのような値になるかを考えてみるとわかると思います。

　また，ほかのデータから著しく離れた外れ値が存在する場合，相関係数がこの外れ値に大きく影響を受けます。相関係数は，たくさんの変数同士の関係をざっと確認するために，非常に有用な指標ですが，散布図をきちんと見て「外れ値が存在しないか」，「非線形の関係があるかどうか」などを確認した方がよいでしょう。

　また，2 つの量的変数間の相関関係が，実は「見せかけの相関」であることも，少なからずあります。2 つの量的変数に共通して影響を与える第三の変数が存在すると，この第三の変数によって，見せかけの相関が生まれます。単純に，相関係数の絶対値が大きいからと言って「両者の間に因果関係がある」と決めつけるのは危険です。統計的な傾向が生じている根本的な原因については，そのまま鵜呑みにすることなく，対象としている実問題の背景知識や技術的知見を総動員し，十分な検討を行うことが必要でしょう。

章末問題

1. 相関分析に関する説明として，次のなかから誤っている説明を選んでください。
   (1) 外れ値が存在すると，誤った解釈や結論を導いてしまう可能性があるので，きちんと散布図を描いて直線関係を確認すべきである
   (2) 無相関の検定を行う際には，標本相関係数を変形して計算される統計量が t 分布に従うことを利用して検定を行う
   (3) 母相関係数が 0 ではないと考えられるとき，フィッシャーの Z 変換を用いて，母相関係数の区間推定を行うことができる
   (4) 母相関係数が 0 であるとき，両変数は独立であり，標本相関係数も 0 に近い値をとるはずである

2. 単回帰モデル
$$Y = \beta_0 + \beta_1 X + \varepsilon$$
   における各項について，次のなかから誤っている説明を選んでください。
   (1) Y は目的変数と呼ばれる変数である
   (2) X は説明変数と呼ばれる変数である
   (3) β_0, β_1 は回帰パラメータである
   (4) ε は残差と呼ばれる変数である

3. 単回帰分析における誤差の仮定として，次のなかから誤っている説明を選んでください。
   (1) 誤差の期待値は 0 である
   (2) 誤差の分散は，説明変数の値によらず等しい
   (3) 誤差の分布は左右非対称の場合を含む
   (4) 誤差は互いに独立である

4. 単回帰分析における寄与率の説明として，次のなかからもっとも正しい説明を選んでください。
   (1) 単回帰分析における寄与率は，目的変数のデータの全体平方和に対する残差平方和の割合で定義される
   (2) 単回帰分析における寄与率は，説明変数と目的変数の相関係数の二乗に等しい
   (3) 単回帰分析における寄与率は 0 に近いほど，推定した回帰モデルの説明力が高い
   (4) 単回帰分析における寄与率は，推定した回帰係数の信頼性を示している

5. 単回帰分析において n 組のデータから推定された回帰係数の検定に関して，次のなかから誤っている説明を選んでください。

(1) 回帰係数の p 値とは，最小二乗推定量によって与えられる回帰係数をその分散で基準化した数値である

(2) 回帰係数の p 値が 0.01 以下であるとき，1 % の有意水準で，その回帰係数は 0 ではないと考えてよい

(3) 回帰係数の t 値を計算するために用いる誤差分散の推定量は，残差の二乗和を $n - 2$ で割って求める

(4) 回帰係数の検定を行うには，誤差の独立性，不偏性，等分散性に加えて，誤差が正規分布に従っていることを仮定しなければならない

重回帰分析

前章では，2つの量的変数間の関係性をモデル化する技法として，単回帰分析について説明しました。本章では，複数の説明変数によって目的変数を説明する重回帰分析の方法について解説します。

説明変数が増えたということ以外は，基本的に前章の単回帰分析と用語や考え方は共通しています。ただ，変数が増えたことによる注意すべき点がいくつかあり，それらを理解することが重要です。

12-1 重回帰モデルと回帰分析

ある d 次元の確率変数 $\boldsymbol{X} = (X_1, X_2, \cdots, X_d)$ と（1次元の）確率変数 Y との関係が

$$Y = \beta_0 + \beta_1 X_1 + \beta_2 X_2 + \cdots + \beta_d X_d + \varepsilon$$

のような形で与えられるものとします。ただし，$\boldsymbol{\beta} = (\beta_0, \beta_1, \beta_2, \cdots, \beta_d)$ はモデルのパラメータ（母数）で**回帰係数**と呼ばれ，ε は正規分布 $N(0, \sigma_\varepsilon^2)$ に従う確率変数であるとします。

これは，$X_1, X_2, \cdots, X_d$ の実現値を $x_1, x_2, \cdots, x_d$ とすると，Y の条件付確率分布 $p(y|x_1, x_2, \cdots, x_d)$ が正規分布で与えられ，その平均が $\beta_0 + \beta_1 x_1 + \beta_2 x_2 + \cdots + \beta_d x_d$，分散が σ_ε^2 となるようなモデルを表しており，**回帰モデル**と呼ばれます。その直感的な意味は，$x_1, x_2, \cdots, x_d$ のそれぞれと y には，ほぼ線形的な比例関係があり[1]，それに誤差 ε が加わったような関係になっていることです[2]。y は**目的変数**，または**従属変数**と呼ばれ，ビジネス統計の適用場面では，しばしばビジネス上のアウトカム（成果指標）が用いられます。一方，この目的変数（アウトカム）に影響を与える可能性があるものとして集められた変数，$x_1, x_2, \cdots, x_d$ は**説明変数**，または**独立変数**と呼ばれます。

---

[1] 1つの x_j と y 以外の変数をすべて固定して定数と見なすと，これらの関係は直線的と見なすことができます。実際には，これは $(d + 1)$ 次元の超平面を表し，このような関係を線形関係といいます。

[2] β と y を合わせた $(d + 1)$ 個の変数を，$(d + 1)$ 次元空間で表現したとき，$y = \beta_0 + \beta_1 x_1 + \beta_2 x_2 + \cdots + \beta_d x_d$ は超平面を表しています。すなわち，回帰モデルは x と y の関係を平面で表したモデルとなります。

説明変数には，連続変数が扱われることも多くありますが，質的変数を説明変数に加えることも可能です。その場合には，**ダミー変数**と呼ばれる複数の変数を設定して，説明変数に取り込みます。たとえば，性別として「男性」と「女性」をとる質的変数の場合，男性を 1，女性を 0 とする 1 つのダミー変数を用いれば，これを回帰モデルの説明変数に加えることができます。このとき，このダミー変数の回帰係数は，「女性を基準として，男性であった場合の目的変数の増減量」を表します。「理系」「文系」「その他」の 3 つの値をとる質的変数があった場合には，ダミー変数を 2 つ用意して，理系であれば (1,0)，文系であれば (0,1)，その他であれば (0,0) と対応付けて説明変数に取り込むことができます。職業として「会社員」「公務員」「自営業」「学生」「主婦」「その他」という 6 つの項目をとる質的変数があった場合には，いずれか 1 つを基準とし，残りの項目を 5 つのダミー変数で表せば，同様に質的変数を回帰モデルに取り込むことができます。

n 組のデータ $(\boldsymbol{x}_1, y_1), (\boldsymbol{x}_2, y_2) \cdots, (\boldsymbol{x}_n, y_n)$ が得られているとき，これらが上記の式のようなモデルから生起しているものと考え，$\boldsymbol{\beta}, \sigma_\varepsilon^2$ を推定することを**回帰分析**といいます。ただし，$\boldsymbol{x}_i = (x_{i1}, x_{i2}, \cdots x_{id})$ は i 番目のデータの説明変数をまとめた d 次元ベクトルです。特に $d = 1$ のときが単回帰分析であり，$d \geq 2$ のときを**重回帰分析**と呼びます。

n 組のデータが与えられているとき，$i = 1, 2, \cdots, n$ に対して，

$$Y_i = \beta_0 + \beta_1 X_{i1} + \beta_2 X_{i2} + \cdots + \beta_d X_{id} + \varepsilon_i$$

という構造を仮定したもとで，$\beta_0, \beta_1, \cdots, \beta_d$ を推定することになります。重回帰分析においても単回帰分析と同様に，ε_i に対しては，次の重要な 4 つの性質を満たすことを仮定しなければなりません。

誤差の 4 つの仮定

独立性　相異なる i と j に対して，ε_i と ε_j は独立である。

不偏性　誤差 ε_i の期待値は 0 である。すなわち，$i = 1, 2, \cdots, n$ に対して，$E[\varepsilon_i] = 0$

等分散性　すべての $i = 1, 2, \cdots, n$ に対して ε_i の分散は等しい。

正規性　ε_i は正規分布に従う。

回帰式の意味を理解するために，説明変数が 2 つの重回帰モデルを例として考えてみましょう。

ここでは，

$$Y = \beta_0 + \beta_1 X_1 + \beta_2 X_2 + \varepsilon$$

という説明変数が 2 つの重回帰モデルにおいて，X_1 は連続変数，X_2 は 0 と 1 を取るダミー変数とします。X_2 はたとえば，1 は男性，0 は女性を表すものとしましょう。このとき，

推定された X_1 の回帰係数 β_1 は X_1 が 1 増えるときの目的変数 Y の平均的な増加量を表しています。X_1 が 10 増えれば，Y は平均的に $10\beta_1$ だけ増加するというモデルになっています。

一方，X_2 の回帰係数 β_2 は，$X_2 = 0$（女性）に対して，$X_2 = 1$（男性）が，どのくらい目的変数 Y の平均値が大きいかを表しています。すなわち，$X_2 = 0$（女性）のとき，回帰式は，

$$Y = \beta_0 + \beta_1 X_1 + \varepsilon$$

となり，$X_2 = 1$（男性）のとき，回帰式は，

$$Y = (\beta_0 + \beta_2) + \beta_1 X_1 + \varepsilon$$

となるのです。説明変数 X_1 が目的変数 Y に与える影響の度合いは β_1 で変わらず，切片項が β_2 だけ変化していることがわかります（図 12.1）。

図 12.1 より，$X_2 = 0$（女性）の場合の回帰式と $X_2 = 1$（男性）のときの回帰式は平行移動していることがわかるでしょう。このように，説明変数が質的変数の場合には，その回帰係数は，その他の説明変数による回帰モデルの平行移動の大きさを表していて，それは切片の違いに表れています。これは，$X_2 = 0$ の場合に比べて，$X_2 = 1$ の場合の目的変数 Y の値が，平均して β_2 だけ大きいということを表しているのです。

ここで，性別という「男性」「女性」の二値を取る質的変数を表すには，$X_2 = 0$ のとき「女性」，$X_2 = 1$ のとき「男性」とした 1 つのダミー変数で事足りることに注意してください。もし，曜日という質的変数をダミー変数で表現するのであれば，

1. 月曜日のとき $X_1 = 1$，それ以外のとき $X_1 = 0$ を取る「月曜日を表すダミー変数 X_1」
2. 火曜日のとき $X_2 = 1$，それ以外のとき $X_2 = 0$ を取る「火曜日を表すダミー変数 X_2」
3. 水曜日のとき $X_3 = 1$，それ以外のとき $X_3 = 0$ を取る「水曜日を表すダミー変数 X_3」
4. 木曜日のとき $X_4 = 1$，それ以外のとき $X_4 = 0$ を取る「木曜日を表すダミー変数 X_4」

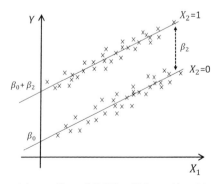

図 12.1 ダミー変数がある場合の回帰モデル

5. 金曜日のとき $X_5 = 1$，それ以外のとき $X_5 = 0$ を取る「金曜日を表すダミー変数 X_5」

6. 土曜日のとき $X_6 = 1$，それ以外のとき $X_6 = 0$ を取る「土曜日を表すダミー変数 X_6」

という6つのダミー変数を用いて，重回帰モデルを構成すればよいことになります。このとき，基準は「日曜日」です。ダミー変数 X_1, X_2, …, X_6 のすべてが0のとき，それは「日曜日」を表しているからです。たとえば，月曜日を表すダミー変数 X_1 の回帰係数 β_1 は，「日曜日に比べて，月曜日は目的変数 Y は平均して β_1 だけ大きい」ということを意味する値になります。

この例では，「日曜日」を基準として，「月曜日」から「土曜日」までを意味するダミー変数を作成しましたが，実際のビジネスの場面では，平日を基準に取った方が解釈がしやすいことが多いでしょう。これは，小売店の売上などのデータの場合には，週末の方が売上が向上することが多いため，平日のいずれかを基準にしておいた方が「売上は，土曜日は平均して○○円，日曜日は平均して△△円多い」という言い方ができるためです。週末を基準にすると「売上は，月曜日は平均して○○円，火曜日は平均して△△円少ない」という説明をする回帰モデルが得られることになります。

12-2 回帰係数の推定方法

$i = 1, 2, …, n$ に対して，説明変数の観測値 $\boldsymbol{x}_i = (x_{i1}, x_{i2}, …, x_{id})$ が得られているものとすると，回帰モデルは

$$Y_i = \beta_0 + \beta_1 x_{i1} + \beta_2 x_{i2} + \cdots + \beta_d x_{id} + \varepsilon_i$$

と記述されます。ただし，ε_i は誤差で先の仮定で述べたように，$\varepsilon_i \sim N(0, \sigma_\varepsilon^2)$ であるとします。いま，

$$\hat{y}_i = \beta_0 + \beta_1 x_{i1} + \beta_2 x_{i2} + \cdots + \beta_d x_{id}$$

とすれば，$\hat{y}_i$ は $\boldsymbol{x}_i = (x_{i1}, x_{i2}, …, x_{id})$ から回帰式によって得られる y の予測値を表しています。単回帰分析のときと同様に，予測値 $\hat{y}_i$ に対して実測値が y_i であるとすると，その差である

$$e_i = y_i - \hat{y}_i$$

が小さいほど予測誤差が小さく，モデルのあてはまりがよいと言えます。

そこで e_i の平方和

$$J = \sum_{i=1}^{n} e_i^2 = \sum_{i=1}^{n} \left\{ y_i - (\beta_0 + \beta_1 x_{i1} + \beta_2 x_{i2} + \cdots + \beta_d x_{id}) \right\}^2$$

を考え，これを最小化する $\beta_0, \beta_1, \cdots, \beta_d$ を求める方法が考えられます[3]。これを**最小二乗法**といいます。上の式を最小化するためには，S を $\beta_0, \beta_1, \cdots, \beta_d$ でそれぞれ偏微分し 0 とおいた式を解けばよいことになります。本書では，その導出式については詳しく述べませんが，このようにして得られた回帰係数

$$\hat{\beta}_0, \hat{\beta}_1, \cdots, \hat{\beta}_d \qquad\qquad (式 12\text{-}1)$$

は最小二乗推定量を与えており，回帰分析では**偏回帰係数**とも呼ばれます。これらの推定量により，

$$\hat{y} = \hat{\beta}_0 + \hat{\beta}_1 x_1 + \hat{\beta}_2 x_2 + \cdots + \hat{\beta}_d x_d$$

という推定された回帰式を用いて，新たなデータの予測をしたり，目的変数の制御に用いるなどの利用が可能となります。この推定された回帰式を用いて，i 番目のデータ $x_{i1}, x_{i2}, \cdots, x_{id}$ に対する Y の予測値 $\hat{y}_i$ を推測すると，

$$\hat{y}_i = \hat{\beta}_0 + \hat{\beta}_1 x_{i1} + \hat{\beta}_2 x_{i2} + \cdots + \hat{\beta}_d x_{id}$$

のようになり，実測値との差

$$\hat{\varepsilon}_i = y_i - \hat{y}_i$$

は**残差**と呼ばれます。単回帰分析のときと同様，残差は誤差の推定値を与えており，重回帰モデルの妥当性を検討するために活用されます。一般には，残差のヒストグラムを描き，その分布形やばらつきを確認することによって，推定された回帰モデルの妥当性を検証します。データの番号である $i = 1, 2, \cdots, n$ の順番で何らかの傾向がないかどうかを確認するために，残差の時系列プロットを用いることもあります。

---

[3] なぜ残差の絶対値の和や四乗和ではだめなのか？ という疑問がわくかもしれません。わたしたちは「二乗して足すという演算」ときわめて相性がよい世界に住んでいます。たとえば，「ピタゴラスの定理」や「ユークリッド距離」を調べてみると，そこに二乗という演算が出てくるでしょう。統計学の世界では，二乗誤差は平均値と相性がよく，わたしたちの直感にもよく整合する評価基準になっているのです。

12-3 モデルの妥当性の検討

　最小二乗法により回帰式を得ることができますが，推定された回帰式が実際のデータにどの程度あてはまっているのかをきちんと吟味する必要があります。そのためには，**寄与率**の値を見ることがよく行われます。データ y_i の全変動を S_T とすれば，

$$S_T = \sum_{i=1}^{n}(y_i - \bar{y})^2 = \sum_{i=1}^{n}(\hat{y}_i - \bar{y})^2 + \sum_{i=1}^{n}(y_i - \hat{y}_i)^2$$

と2つの変動和に分解することができます。これは，前項の（式 12-1）で与えられる偏回帰係数に対して成り立っていることに注意しましょう。ただし，

$$\bar{y} = \frac{1}{n}\sum_{i=1}^{n} y_i$$

は目的変数の平均値で S_T は全体平方和を表します。第二項の

$$S_E = \sum_{i=1}^{n}(y_i - \hat{y}_i)^2 = \sum_{i=1}^{n}\hat{\varepsilon}_i^2$$

は予測値から実データの残差変動を表す残差平方和であり，

$$S_R = \sum_{i=1}^{n}(\hat{y}_i - \bar{y})^2$$

は回帰式によって説明される部分の変動を表す回帰平方和です。したがって，S_R が相対的に大きければ，回帰によって説明される変動部分が多くなり，回帰式のあてはまりがよいと考えることができるでしょう。

　そこで，

$$R^2 = S_R/S_T = 1 - S_E/S_T$$

を寄与率と呼び，回帰式のあてはまりのよさを示す基準として用いることができます。この寄与率は，予測値 $\hat{y}_i$ と実測値 y_i の相関係数（**重相関係数**という）の二乗と一致します。

予測値 $\hat{y}_i$ と実測値 y_i の相関係数は**重相関係数**と呼ばれ，これが大きいほど，回帰の予測と実際の値の関係が強いことを意味する。

一方，回帰平方和を全体平方和で割った指標

$$R^2 = \frac{\sum_{i=1}^{n}(\hat{y}_i - \bar{y})^2}{\sum_{i=1}^{n}(y_i - \bar{y})^2} = 1 - \frac{\sum_{i=1}^{n}\hat{\varepsilon}_i^2}{\sum_{i=1}^{n}(y_i - \bar{y})^2}$$

は**寄与率**，または**決定係数**と呼ばれ，推定されたモデルの説明力を測る尺度として用いられる。寄与率は，$0 \le R^2 \le 1$ を満たし，R^2 が 1 に近いほど，推定された回帰モデルのデータへのあてはまりがよい。

また，寄与率 R^2 は，重相関係数の二乗に等しい。

ただし，目的変数とは関係がない変数をたくさん集めてきて説明変数に加えても，重相関係数や寄与率は単調に増加していくという事実に注意する必要があります。これは，与えられた n 組のデータに対する二乗誤差を最小にするように回帰係数が決定されるため，説明変数が増えて，動かせる回帰パラメータが増えると，その分，よりあてはまりがよい回帰式を推定してしまうためです。標本として得られた n 組のデータへのあてはまりをよくするために，むやみに関係のない変数を追加すると，母集団に対する推定精度を低下させることは容易に想像がつくでしょう。そのため，実際の回帰分析では次に示す **自由度調整済み寄与率**が用いられることも多くあります。

自由度調整済み寄与率 R^{*2} は，

$$R^{*2} = 1 - \frac{\sum_{i=1}^{n}\hat{\varepsilon}_i^2/(n-d-1)}{\sum_{i=1}^{n}(y_i - \bar{y})^2/(n-1)}$$

で与えられる。これは，誤差分散の推定量 V_E を

$$V_E = \frac{1}{n-d-1}\sum_{i=1}^{n}\hat{\varepsilon}_i^2 = \frac{1}{n-d-1}\sum_{i=1}^{n}(y_i - \hat{y}_i)^2$$

とし，目的変数の分散（全変動）の推定量 V_T を

$$V_T = \frac{1}{n-1} \sum_{i=1}^{n} (y_i - \bar{y})^2$$

とすれば,

$$R^{*2} = 1 - \frac{V_E}{V_T}$$

と書き換えられる。すなわち,変数を追加することによって単調に減少する誤差変動 S_E ではなく,分散の推定量を用いて寄与率を計算したものと解釈することができる。

寄与率は,どんな変数でも追加すれば単調に増加しますが(厳密には,単調非減少),自由度調整済み寄与率 R^{*2} は目的変数と関係が弱い変数を追加すると,逆に減少することになります。実際のデータ解析では,自由度調整済み寄与率 R^{*2} が最大となるところまで説明変数を取り込み,それ以上の変数は取り込まなければよいでしょう。

得られた回帰モデルが統計的に有意であるかどうかを検定するためには,回帰による変動 S_R と誤差変動 S_E を自由度で割り,

$$V_R \quad = \quad \frac{S_R}{d}$$

$$V_E = \frac{S_E}{n-d-1}$$

として,統計量

$$F = \frac{V_R}{V_E}$$

の分布を考えます。先に示した誤差の4つの仮定が成り立つもとで,母回帰係数がすべて0であるとき,この検定統計量 F は,自由度 $(\phi_R, \phi_E) = (d, n-d-1)$ のF分布に従うことが知られています。これにより,回帰式のあてはめに意味があるかどうかについて,F分布を用いた**分散分析**により検定することが可能になります。

ほかにも,残差に時系列的な傾向があるかどうか,外れ値がないかどうかなど,残差のヒストグラムや予測値と実測値の散布図を描いたりしてさまざまな角度からモデルのあてはまりを検討することが大切です。

説明変数の選択

　重回帰分析を行う際，以下のように目的変数に影響を与えると考えられる説明変数のなかから，本当に影響のある変数のみをモデルに取り込んで回帰式を推定したいという場合が多くあります。

例12.1 賃貸料の予測モデルの構築：ある地域の賃貸物件について，物件の条件から賃貸料を予測するモデルを作ることを考えます。このようなモデルができれば，新たな物件が与えられたときに，そこから予測賃貸料が計算できるので，実際の賃貸料が予測モデルよりも低ければ割安物件，高ければ割高物件という判断材料にすることができます。

　賃貸料に影響を与えそうな説明変数の候補を列挙したところ，「間取り」「広さ」「マンション，アパートなどの種別」「最寄駅」「最寄駅からの徒歩時間」「築年数」「駐車場の有無」「窓の方角」「物件の構造」「階数」「契約期間」「管理費の有無」「エアコンの有無」「バス・トイレの種別」など，たくさんの項目があがりました。しかし，すべての変数を取り込んだ回帰モデルが適切とは考えられないため，実際のデータに回帰モデルをあてはめて，回帰に取り込む意味のある説明変数を選ぶことになりました。

例12.2 店舗の売上予測モデルの構築：あるコンビニエンスチェーンが，各店舗の属性情報と周辺環境のデータから売上を予測するモデルを構築しようと考えました。売上に影響を与える可能性のある要因として，「店舗面積」「駐車場の台数」「交通量」「近隣施設」「市民イベントの有無」「接客レベル」「品揃え」など，多くの変数が候補としてあがりました。しかし，すべての変数を取り込んだ回帰モデルが適切とは考えられないため，実際のデータに，回帰モデルをあてはめて，回帰に取り込む意味のある説明変数を選ぶことになりました。

　このような状況では，候補となる多くの説明変数のなかから，適切な説明変数を選ぶという作業が必要となってきます。これを**変数選択**といいます。

●12-4-1 偏回帰係数のt値

　まず，回帰に取り込まれた説明変数に意味があったかどうかを統計的に検証する方法を考えてみます。通常は，説明変数 X_j に意味があるかどうかは，その変数に対応する回帰係数 β_j が 0 であるかどうかによります。すなわち，$\beta_j = 0$ であれば，その説明変数は目的変数に影響を与えないので，回帰に取り込む意味はないと考えられます。したがって，帰無仮説を $H_0: \beta_j = 0$，対立仮説を $H_1: \beta_j \neq 0$ として検定を行います。そのために，再度，誤差の 4 つの仮定が成り立っていることを仮定します。誤差の 4 つの仮定が成り立っているとき，帰

無仮説 $H_0 : \beta_j = 0$ のもとで，統計量

$$T = \frac{\hat{\beta}_j}{\sqrt{s^{jj}\hat{\sigma}_\varepsilon^2}}$$

は自由度 $n-d-1$ の t 分布に従うことが知られています。ただし，分母の $\sqrt{s^{jj}\hat{\sigma}_\varepsilon^2}$ は $\hat{\beta}_j$ の標準偏差を表しており，s^{jj} は，X の**分散共分散行列 $\boldsymbol{S}_X$** を，

$$\boldsymbol{S}_X = \begin{pmatrix} s_{11} & s_{12} & s_{13} & \cdots & s_{1d} \\ s_{21} & s_{22} & s_{23} & \cdots & s_{2d} \\ \vdots & \vdots & \vdots & & \vdots \\ s_{d1} & s_{d2} & s_{d3} & \cdots & s_{dd} \end{pmatrix} = \begin{pmatrix} s_1^2 & s_{12} & s_{13} & \cdots & s_{1d} \\ s_{21} & s_2^2 & s_{23} & \cdots & s_{2d} \\ \vdots & \vdots & \vdots & & \vdots \\ s_{d1} & s_{d2} & s_{d3} & \cdots & s_d^2 \end{pmatrix}$$

としたときの，$((n-1)\,\boldsymbol{S}_X)^{-1}$ の (j,j) 対角要素を表し[4]，s_{jk} は共分散

$$s_{jk} = \frac{1}{n-1} \sum_{i=1}^{n} (x_{ij} - \bar{x}_j)(x_{ik} - \bar{x}_k)$$

です。なお，共分散の式において，$j=k$ のときは j 番目の変数の分散 s_j^2 を意味します。この事実を用いて，各変数が統計的に意味があるかどうかについて検定を行うことができます。

> ── **回帰係数の t 検定** ──
>
> 誤差の 4 つの仮定のもとで，帰無仮説 $H_0 : \beta_j = 0$ が成り立っているとき，
>
> $$T = \frac{\hat{\beta}_j}{\sqrt{s^{jj}\hat{\sigma}_\varepsilon^2}}$$
>
> は自由度 $n-d-1$ の t 分布に従う。したがって，得られた回帰係数の推定値 $\hat{\beta}_j$ の t 値を，自由度 $n-d-1$ の t 分布によって計算することができる。この t 値の絶対値が概ね 2 以上であれば，その回帰係数の推定値には意味があると考えてさしつかえない。厳密に仮説検定を行う場合には，自由度 $n-d-1$ の t 分布の数値表から，棄却域を決定し検定を行えばよい。

---

[4] 分散共分散行列の逆行列の意味について正しく理解するには，多変量確率モデルと線形代数の知識が必要です。したがって，初めて勉強する方は厳密な式展開等は飛ばして，まずは分析の進め方のプロセスについて理解すれば十分でしょう。

●12-4-2 偏相関係数

　重回帰モデルでは，1つの説明変数を付け加えて最小二乗推定を計算し直すと，ほかのすべての説明変数の偏回帰係数が変化します。そのため，新たな説明変数を取り込もうとする際には，注意が必要です。このような場合に情報を与えてくれる尺度の1つに**偏相関係数**があります。これは，ほかの変数の影響を取り除いたときの目的変数 y と説明変数 x_j の相関を意味します。具体的には，たとえば x_1 と y に対しては，

$$\hat{y} = \hat{a}_0 + \hat{a}_2 x_2 + \hat{a}_3 x_3 + \cdots + \hat{a}_d x_d, \quad \hat{x}_1 = \hat{b}_0 + \hat{b}_2 x_2 + \hat{b}_3 x_3 + \cdots + \hat{b}_d x_d$$

という回帰式を推定し，それらの残差 $(y_i - \hat{y}_i)$，$(x_{i1} - \hat{x}_{i1})$ の間の相関係数を求めたものが偏相関係数です。これは，新たに変数を追加したり，削除したりするときに大変便利で，ほかの説明変数によって代用がきかない部分の変動を調べることができます。

●12-4-3 変数選択の手続き

　これまでは，個々の説明変数が意味をなすかどうかを表す統計量について検討しましたが，一方で自由度調整済み寄与率を用いれば，それが最大となるような説明変数の組み合わせを選べばよいということになります。また，自由度調整済み寄与率のほかにも，**二重調整済み寄与率**，**C_p 基準**，**AIC 基準**，**PSS 基準**，**MDL 基準**など，さまざまな選択基準が提案されており，多くの統計パッケージに用意されているので，問題に応じてこれらを用いることができます。

　しかし一方で，すべての説明変数の組み合わせに対して，このような基準を計算するということは，説明変数の数が d 個の場合には 2^d 通りの回帰式についてすべて調べなければなりません。そこで，実際の場面では，次に示すような探索的な変数選択法を用いることが多くあります。説明変数の選択の1つの基準となる指標は，偏回帰係数の t 値の絶対値ですが，実際の場面では t 値の二乗が F 値になることを利用して，偏回帰係数を付け加えたときの F 値の値を見ながら変数を追加したり，削除したりするパッケージが多いので，ここでも F 値を用いて説明します。

1. **変数増加法**：説明変数がない状態から，F 値があらかじめ指定した F_0 よりも大きいものがあれば，そのなかからもっとも F 値の大きい説明変数を回帰に取り込みます。順次，残った変数のなかに F 値が基準となる F_0 よりも大きいものがあれば，そのうちの最大のものを回帰に取り込んでいきます。最終的に，F 値が F_0 を上回るものがなくなったら終了します。
2. **変数減少法**：すべての説明変数を用いた回帰モデル（**フルモデル**）から始め，各変数のなかに F 値が基準となる F_0 よりも小さいものがあれば，そのなかから最小のものを削除します。順次，残った変数のなかに F 値が基準となる F_0 よりも小さいものがあれば，そのう

ちの最小のものを回帰から取り除いていきます。最終的に，F 値が F_0 を下回るものがなくなったら終了します。

3. 変数増減法：最初は変数増加法によって説明変数を取り込んでいき，いったん取り込んだ変数であっても，ほかの変数の追加によって F 値が F_0 を下回る場合もあります。変数増減法では，すでに取り込んだ説明変数のなかに F 値が F_0 を下回るものがあれば，これを取り除いてから，再度次に追加する説明変数を F 値によって選ぶという方法です。

　F 値によって説明変数を選ぶときの基準 F_0 については，検定の考え方を用いて F 分布から適切な値を求めることも可能ですが，実務的には $F_0 = 2.0$ が使われることが多くあります。

12-5　多重共線性

　重回帰分析において気をつけるべき事項の 1 つに**多重共線性**があります。これは，説明変数のなかに，互いに強い相関を持つ変数の組み合わせが存在するときに起こる問題です。具体的には，説明変数間に強い相関があると，偏回帰係数を求めることが困難になったり，求められたとしても大きな誤差を含んだものになってしまいます。また，1 つのサンプルの追加や変数の追加によって，推定される偏回帰係数の値が大きく変化し，推定が安定しないという問題を引き起こします。

　たとえば，

$$y = 1 + 3x_1 - 2x_2$$

という回帰式のモデルを考えてみます。もし x_1 と x_2 に非常に強い相関関係として $x_1 = x_2$ があるとします。これを上のモデルに代入すると，

$$
\begin{aligned}
y &= 1 + 3x_1 - 2x_2 \\
&= 1 + x_1 \\
&= 1 + x_2
\end{aligned}
$$

と，異なる表現の式がいくつも得られてしまいます。さらに言えば，$x_1 = x_2$ が成り立っていれば，

$$
\begin{aligned}
y &= 1 + 3x_1 - 2x_2 \\
&= 1 + 100x_1 - 99x_2
\end{aligned}
$$

も成り立ちます。つまり，このとき

$$y = 1 + \beta_1 x_1 - \beta_2 x_2$$

という関係を満たす β_1, β_2 を唯一に決めることができなくなります。これが，多重共線性が生じているときに，偏回帰係数の推定が不安定となる本質的な原因です。

　重回帰分析で用いられる多変量データは，しばしば多重共線性が生じていることがあるので，分析を始める前に説明変数の相関行列を確認し，互いに相関の強い説明変数の組み合わせがないかどうかを確認しておく必要があります。たとえば，企業の財務データなどは，互いに強い相関を有していることが多いので注意が必要です。また，「売上」と「利益」から「売上高利益率」を計算して，すべてを説明変数に用いるような場合も多重共線性が起きやすいので注意すべきです。なお，多重共線性は，Multicollinearity を略して，**マルチコ**と呼ばれることもあります。

　相関の強い説明変数がある場合には，それらのなかからモデルにもっとも取り込むべきと考えられる重要な説明変数を残して，その他の変数を除くことで問題は生じなくなります。その際に説明変数を選ぶ根拠としては，「技術的に因果関係が認められるもの」「値の制御がしやすいもの」といったことが考えられます。

　また，このように説明変数を選ぶことが技術的に困難で，たくさんの相関のある説明変数を取り扱う場合には，説明変数に対して**主成分分析**を行い，得られた主成分の**サンプルスコア**（**主成分スコア**ともいいます）を用いて重回帰分析を行う方法も有効です。この方法は，**主成分回帰分析**と呼ばれます。

12-6 回帰分析の拡張

　説明変数と目的変数の関係性が非線形である場合，単に目的変数を精度よく予測することが目的であれば，さまざまな**変数変換**を駆使することによって，重回帰分析で処理できる場合があります。

　たとえば，

$$Y = \beta_0 + \beta_1 X + \beta_2 X^2 + \cdots + \beta_k X^k + \varepsilon$$

のように，説明変数 X の1乗，2乗，3乗，… を線形結合したモデルを**多項式回帰モデル**といいます。このようなモデルは，たとえばスマートフォンの需要曲線のように，初めはゆっくり販売台数が増加し，だんだんと販売台数が加速していくようなデータにもうまくあてはめることができます。このようなモデルを扱う場合には，$X_2 = X^2$，$X_3 = X^3$，$\cdots$，$X_k = X^k$

と変数変換すれば，

$$Y = \beta_0 + \beta_1 X + \beta_2 X_2 + \cdots + \beta_k X_k + \varepsilon$$

と，通常の重回帰モデルの形に落とし込めるので，このようなデータの変数変換を行ってから，回帰分析に進めばよいでしょう。

また，

$$Y = \beta_0 e^{\beta_1 X} \cdot \varepsilon$$

のような指数型のモデルを考えることもできます。これは，両辺の対数をとると，

$$\log_e Y = \log_e \beta_0 + \beta_1 X + \log_e \varepsilon$$

のような形になります。$\tilde{Y} = \log_e Y$, $\tilde{\beta}_0 = \log_e \beta_0$, $\tilde{\varepsilon} = \log_e \varepsilon$ とおけば，

$$\tilde{Y} = \tilde{\beta}_0 + \beta_1 X + \tilde{\varepsilon}$$

と単回帰モデルの形に落とし込めます。この形のモデルに対して最小二乗法をあてはめて，回帰係数を求める方法は**対数最小二乗法**と呼ばれます[5]。

重回帰分析は，ビジネスにおける統計分析の最強のツールとなり得る分析手法の1つです。検定と推定は，人が設定した仮説を評価し，その正しさを評価するためのツールとして重要ですが，一方で重回帰分析は新たな仮説発見を導いてくれるツールとなり得ます。ただし，重回帰分析を使って発見された仮説によって，ビジネス上の施策を立案したときには，ぜひ，A/B テストなどを実施してその効果を検証してください。実際にビジネスで施策として導入するには，それが因果関係であること，加えてその効果が十分コストに見合っていること

---

[5] 意思決定のモデルとして有名な階層分析法（AHP：Analytic Hierarchy Process）において，一対比較行列から幾何平均法で重要度（ウェイト）を求める方法は，対数最小二乗法による重要度推定と等価であることが知られています。このように，対数最小二乗法もさまざまな問題で使われています。興味のある方は勉強してみるとよいでしょう。

を事前に検証しておくことが肝要です。

　なお，重回帰分析では，回帰モデルの誤差に仮定される4つの条件として，独立性，不偏性，等分散性，正規性について説明しましたが，「これらがすべて成り立たないと，重回帰分析はしてはいけないのですか？」という質問をときどき受けます。実際のところ，これらが成り立っていなくても，重回帰モデルを推定することは可能です。しかし，重回帰分析で得られた偏回帰係数の精度や有効性が保証できなくなります。

　誤差の4つの仮定のうち，もっとも重要なのは独立性です。誤差が互いに独立ではない場合，回帰係数の推定はその影響を受けます。たとえば，一度大きな誤差が入ると，次からも大きな誤差が入り続けるといった関係があると，目的変数の値は実際あるべき値よりも上ぶれします。そのため，回帰係数の推定もその影響を受けることは容易に想像がつくでしょう。その意味では，不偏性も同様です。誤差の平均が0ではない値を持っていれば，その影響は回帰式の切片の推定に影響を与えます。

　一方，等分散性は，最小二乗法で推定される残差が誤差分散の推定量として妥当であるために必要です。ただ，等分散性は，実際のデータではしばしば成り立たないことがあるので注意が必要です。たとえば，「プロ野球選手の打撃成績データを説明変数として，年俸を目的変数とした重回帰分析」や「企業の財務指標を説明変数とし，株価を目的変数とした重回帰分析」といった分析では，しばしば目的変数の値が大きくなるにつれて，誤差のばらつきも大きくなる場合があります。また，明らかに外れ値と考えられるデータが存在すると，等分散性の仮定は崩れてしまいます。このようなことが起きていないかを確認するためには，重回帰モデルをあてはめた際に，残差と目的変数の散布図を描いたりして，残差の検討を行うことが有効です。

　最後に，正規性ですが，最小二乗法を適用して得られた偏回帰係数の推定値が妥当なものであるか否かについてだけ言えば，正規性が厳密に成り立たなくても概ね妥当であると判断してもよいでしょう。しかし，「誤差が正規分布に従っていること」を仮定できるときに，偏回帰係数の推定量がt分布に従うことを根拠として，t値やp値を使って偏回帰係数の有意性が検証されていることには留意しておく必要があります。実際問題としては，かなり大きな外れ値が存在したり，あまりに極端に残差の単峰性が崩れていないのであれば，t値やp値を参考としても大きな問題とはならないでしょう。ビジネスの現場で実際に役立つモデルが構築できたのであれば，そこから得られる施策のアイデアを大切にして，実際にA/Bテストによる因果関係を検証してみれば問題ありません。ただし，誤差の4つの仮定が著しく満たされない状況で重回帰分析を適用しても，そこから得られる施策のアイデアはまったく的外れである可能性もあるので，その点は留意しておく必要があります。

章末問題

1. 重回帰モデルと単回帰モデルの違いについて，次のなかから正しい説明を選んでください。
   (1) 目的変数が 1 つである場合を単回帰，2 つ以上である場合を重回帰という
   (2) 説明変数が 1 つである場合を単回帰，2 つ以上である場合を重回帰という
   (3) 定数項が 1 つである場合を単回帰，2 つ以上である場合を重回帰という
   (4) 誤差項が 1 つである場合を単回帰，2 つ以上である場合を重回帰という

2. 重回帰分析で使われるダミー変数について，次のなかからもっとも適切な説明を選んでください。
   (1) ダミー変数は順序尺度の変数を目的変数とする際に使われ，取り得る値に便宜的な数値を付与して用いる方法を指す
   (2) 説明変数に質的変数を用いたい場合，たとえば「男性」を 1，「女性」を 0 と数値化したような変数をダミー変数という
   (3) 回帰係数の推定誤差を小さくするために，ダミーとして回帰モデルに入れておき，推定後に取り除く変数のことをダミー変数という
   (4) 重回帰分析で問題となる多重共線性に対処するため，モデルに組み込んで相関関係を見かけ上，なくしてしまうための変数をダミー変数という

3. 重回帰分析で推定される偏回帰係数の導出法として，次のなかからもっとも適切な方法を選んでください。
   (1) シミュレーション法
   (2) 最急降下法
   (3) 幾何平均法
   (4) 最小二乗法

4. 重回帰分析で用いられる重相関係数について，次のなかからもっとも適切な説明を選んでください。
   (1) 重回帰による目的変数の予測値と実測値の相関係数
   (2) 用いられる説明変数間の相関係数を重ね合わせた統計量
   (3) 用いられる説明変数と目的変数の相関係数をすべてかけ合わせた値
   (4) 重回帰の寄与率を二乗した統計量

5. 次のなかから重回帰分析で仮定される誤差の仮定ではないものを選んでください。
    (1) 正規性
    (2) 等分散性
    (3) 多重共線性
    (4) 不偏性

6. 重回帰分析の適切な誤差の仮定および回帰係数が 0 であるという帰無仮説のもとで，偏回帰係数が従う確率分布について，次のなかからもっとも正しいものを選んでください。
    (1) 正規分布
    (2) t 分布
    (3) F 分布
    (4) χ^2 分布

7. 重回帰分析における説明変数の選択の仕方について，次のなかから誤っている説明を選んでください。
    (1) 自由度調整済み寄与率や二重調整済み寄与率などの適切な基準が最適となる説明変数の組み合わせをしらみつぶしに探すことで，説明変数を選択することができる
    (2) 説明変数が多い場合には，F 値を手がかりとして，変数を追加したり，減少させたりしながらよいモデルを探すという選択法が有効になる
    (3) モデルの重相関係数や寄与率は，その回帰モデルがデータに対してどれほどあてはまっているかを意味するため，これらが大きくなるように説明変数を追加していけばよい
    (4) 説明変数間での相関にも気を配るためには，偏相関係数を用いて，変数を追加したり，削除したりする際の影響について確認しながら，説明変数の選択をおこなえばよい

8. 重回帰分析における多重共線性が引き起こす問題について，次のなかからもっとも正しい説明を選んでください。
    (1) 変数の追加やサンプルの追加によって，推定された偏回帰係数の符号が変わったりと，推定が大変不安定になる
    (2) 複数の領域で異なる線形回帰があてはめられるため，推定されたモデルが区分線形の大変複雑な形となってしまう
    (3) 回帰係数を推定するために，探索的手法が必要となり，その繰り返しが膨大になって計算量がかかる
    (4) 推定される回帰式は問題がないが，統計的検定を行う際の前提条件が崩れるので，回帰係数の t 検定や F 検定ができなくなってしまう

ロジスティック回帰分析

　前章の重回帰分析では，目的変数が量的変数である問題を扱いました。目的変数が量的変数ですので，仮定する回帰モデルの誤差に正規分布を仮定することが妥当で，最小二乗法が合理的な回帰式の推定方法となっていました。

　一方，ビジネスの世界では，質的な変数を目的変数として扱う場合も多く登場します。たとえば，さまざまな要因や顧客の属性を用いて，ある商品を「購入する」か「購入しない」かを予測するような問題です。このような問題は**分類問題**と呼ばれ，多変量解析では**判別分析**が適用されることも多々あります。しかしながら，ビジネス統計の分野では**ロジスティック回帰モデル**の方が，わかりやすく，強力な武器となってくれることでしょう。本章では，この目的変数が質的変数の場合の問題を扱い，**ロジスティック回帰モデル**について解説します。

13-1　目的変数が質的変数の場合の問題

　重回帰分析では，説明変数が質的変数の場合はダミー変数を用いて，回帰式を推定することができました。これは，目的変数 Y が連続値の場合には，

$$Y = \beta_0 + \beta_1 X_1 + \beta_2 X_2 + \cdots + \beta_d X_d + \varepsilon$$

という回帰式のモデルにおいて，ε が正規分布に従う誤差であることを仮定することが自然であったため，最小二乗法という方法で，回帰式をデータにあてはめることも自然だったからです。

　しかし，目的変数 Y が質的変数の場合，これを $Y = 0$，$Y = 1$ の二値のダミー変数で数値化したとすると，この誤差の仮定が難しくなります。説明変数の値から与えられた $\beta_0 + \beta_1 X_1 + \beta_2 X_2 + \cdots + \beta_d X_d$ に対して，ランダムな誤差 ε を足して，それがちょうど，$Y = 0$ や $Y = 1$ のどちらかになるという説明には無理があるためです。この場合，もはや誤差項 ε が正規分布に従うことは仮定できません。逆に言えば，誤差項 ε が正規分布に従うならば，この誤差は連続値を取るため，目的変数 Y も連続値にならざるを得ないことになります。

本来，このように目的変数が二値の質的変数の場合，重回帰モデルをそのままあてはめて最小二乗法で回帰式を得ると何が起こるかをきちんと理解しておくことは重要です。質的変数をそのまま目的変数として，通常の重回帰モデルをあてはめて最小二乗法を適用することは，しばしば本質的な問題を生む場合があるので，注意する必要があります。目的変数が 0 と 1 の二値の場合に回帰式をあてはめると，図 13.1 のようなイメージになります。図 13.1 では，説明変数 X が 1 つである場合の散布図に単回帰分析を行って得られた回帰直線のイメージを表しています。この回帰式である直線は，目的変数 Y の軸に平行な方向（縦方向）での二乗誤差を最小にするように求められることになります。横軸である説明変数 X の軸と平行な方向（横方向）の二乗誤差を最小にしている訳ではなく，データと回帰直線との距離を最小化している訳でもありません。

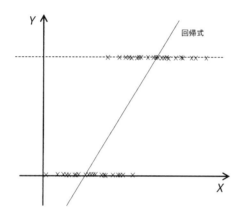

図 13.1: 目的変数が二値の場合にあてはめた回帰式

　さらに，目的変数が 3 つ以上の値を取る質的変数であった場合も，本質的な問題を生じるケースがあるので注意が必要です。たとえば，目的変数が「優良顧客」，「通常の顧客」，「離反顧客」という 3 つのカテゴリからなる質的変数であるとします。これをダミー変数化するには，2 つのダミー変数 Y_1 と Y_2 を用意して「優良顧客であれば $Y_1 = 1$，それ以外は $Y_1 = 0$」，「離反顧客であれば $Y_2 = 1$，それ以外は $Y_2 = 0$」とすればよいはずです。この場合，目的変数がダミー変数 Y_1 と Y_2 の 2 つになるため，Y_1 と Y_2 のそれぞれの回帰モデルを作成することになります。このようにして作成した回帰モデルの例を図 13.2，図 13.3 に示します。

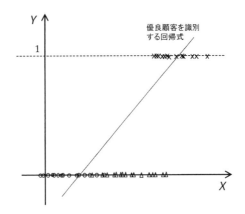

図 13.2: 優良顧客であれば $Y_1 = 1$，それ以外は $Y_1 = 0$ にあてはめた回帰式

これらの図からもわかるように，優良顧客であるか否かは Y_1 を目的変数とした回帰式で，離反顧客であるか否かは Y_2 を目的変数とした回帰式で，うまくモデル化ができそうです。

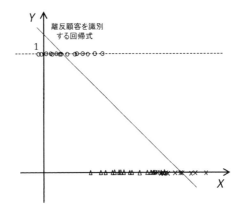

図 13.3: 離反顧客であれば $Y_2 = 1$，それ以外は $Y_2 = 0$ にあてはめた回帰式

しかし，これらの 2 つの回帰式を組み合わせても，うまく「通常の顧客」を識別することができないのです。

図 13.2 と図 13.3 をまとめた図 13.4 からもわかるように，2 つの回帰式を組み合わせて使う場合，X が大きければ「優良顧客」，X が小さければ「離反顧客」となりますが，「通常の顧客」の領域が X 軸の上から消えてしまっています。

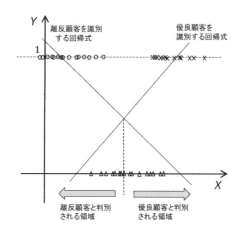

図 13.4: 2 つの回帰式を合わせて用いた場合の判別

　この例では，「優良顧客」と「離反顧客」のどちらかに予測できそうなので，「通常の顧客」を分類できなくても実務上は差し支えないかもしれません。一方で，このような性質については理解しておくことが必要です。

13-2 ロジスティック回帰モデル

　ここでは，二値の質的変数をいくつかの説明変数でモデル化する手法として重要な**ロジスティック回帰モデル**について紹介します。目的変数が質的変数の場合は，通常の重回帰分析ではなく，ロジスティック回帰モデルをあてはめて分析するほうが妥当でしょう。

　目的変数が質的変数の場合，先にも述べたように，ダミー変数を使って 0 と 1 で表しておくと便利です。通常は，ビジネス的に注目したい事象を 1，その排反事象を 0 とします。たとえば，いくつかのプロモーション施策が顧客の購買に寄与したか否かを分析したいのであれば「購買した」を 1，「購買しなかった」を 0 とするのがよいでしょう。または，会員顧客の退会を食い止める施策を考えようとしている場合には，「退会した」を 1，「退会しなかった」を 0 としても構いません。

　簡単にするために，説明変数が X の 1 つの場合を考えてみましょう。このとき，目的変数である Y は 0 か 1 の二値を取りますので，その散布図に直線をあてはめようとすると図 13.1 のようになりますから，発想を変えて，図 13.5 のような曲線をあてはめてみます。

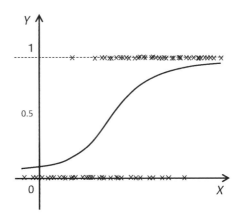

図 13.5: ロジスティック回帰のイメージ

　このとき，図 13.5 の Y 軸の値は，「X が与えられたもとでの $Y = 1$ である確率」を表しているものと考えたらどうでしょうか。そうすると，「この曲線の値が 0.5 より大きいときには $Y = 1$ の方が確からしい」，逆に「この曲線の値が 0.5 より小さいときには $Y = 0$ の方が確からしい」という推論を立てることができます。

　そのため，図 13.1 のように，そのまま直線をあてはめるのではなく，X が取る値 x に対して，$\pi_y = P(Y = 1|x)$ を「$Y = 1$ となる確率（**反応確率**）」と考え，

$$\pi_y = \frac{\exp\{(\beta_0 + \beta_1 x)\}}{1 + \exp\{(\beta_0 + \beta_1 x)\}} \qquad\text{(式 13-1)}$$

のような関数を使って，回帰をあてはめてみることを考えます。ただし，$\exp(x) = e^x$ は，自然対数の底 e の x 乗を表す指数関数を表すものとします。この式は，分子と分母の両方に $\exp\{-(\beta_0 + \beta_1 x)\}$ を掛けることで

$$\pi_y = \frac{1}{1 + \exp\{-(\beta_0 + \beta_1 x)\}} \qquad\text{(式 13-2)}$$

のような式に変形することができます。（式 13-2）の関数は**ロジスティック関数**，**シグモイド関数**などと呼ばれ，図 13.5 に示した曲線の形をしており，$-\infty < x < \infty$ に対して，$0 < \pi_y < 1$ となることが知られています。この関数は，変形すると，

$$\log\left(\frac{\pi_y}{1 - \pi_y}\right) = \beta_0 + \beta_1 x \qquad\text{(式 13-3)}$$

のような x の線形式で示すことも可能で，この変換は**ロジット変換**と呼ばれています。すなわち，このような変換を行って回帰式をあてはめることで，図 13.5 に示した曲線のようなモデル化が可能になります。右辺は単回帰モデルそのものですが，左辺の目的変数が変換されている点がポイントです。このような回帰分析を**ロジスティック回帰分析**といいます。また，$\left(\frac{\pi_y}{1-\pi_y}\right)$ は**オッズ**と呼ばれるもので，π_y を成功の確率，$1-\pi_y$ を失敗の確率と考えれば，これは成功の確率と失敗の確率の比を表しています。たとえば，$\pi_y = 2/3$，$1-\pi_y = 1/3$ であれば，オッズは $\left(\frac{\pi_y}{1-\pi_y}\right) = 2$ となり，これは成功確率が失敗の 2 倍であることを意味しています。ロジスティック回帰モデルは，このオッズの対数変換が x の線形式で与えられることを仮定したモデルと言えます。

　ロジスティック回帰モデルのパラメータは係数の β_0 や β_1 ですが，これらは単回帰分析と同様にサンプルデータを用いて推定します。しかし，ロジスティック回帰モデルのパラメータは最小二乗法で直接的に解くことが難しく，コンピューターを使って探索的によい推定値を求めるような方法が取られます。具体的には，**最尤推定法**という考え方に従って，確率的にもっとも尤もらしいパラメータを，**ニュートン・ラフソン法**のような反復計算で求めることになります。

13-3　多重ロジスティック回帰モデル

　いま，d 個の説明変数 $X_1, X_2, \cdots, X_d$ があり，これらが目的変数 Y の反応確率 π_y に対して影響を与えるものとします。すなわち，説明変数が $X_1 = x_1, X_2 = x_2, \cdots, X_d = x_d$ のように与えられたもとで，反応確率 π_y が

$$\pi_y = P(Y = 1 | x_1, x_2, \cdots, x_d) \qquad \text{(式 13-4)}$$

のように条件付確率で与えられるとします。このとき，π_y と $x_1, x_2, \cdots, x_d$ の関係性として，

$$\pi_y = \frac{1}{1 + \exp\{-(\beta_0 + \beta_1 x_1 + \beta_2 x_2 + \cdots + \beta_d x_d)\}} \qquad \text{(式 13-5)}$$

という式を仮定したモデルを**多重ロジスティック回帰モデル**といいます。説明変数が 1 つの場合のロジスティック回帰モデルのときと同様に式を変形すると，

$$\log\left(\frac{\pi_y}{1 - \pi_y}\right) = \beta_0 + \beta_1 x_1 + \beta_2 x_2 + \cdots + \beta_d x_d \qquad \text{(式 13-6)}$$

のように，やはり説明変数の線形結合で表されるモデルであることがわかります。

　このモデルのパラメータ $\beta_0, \beta_1, \cdots, \beta_d$ の推定も，最尤推定量をニュートン・ラフソン法のような反復計算で求めることになります。これらのパラメータ推定の方法を理解するためには，偏微分などの知識が必要となるため，ここでは詳細については触れません。

13-4　モデルの評価と変数選択

　多重ロジスティック回帰モデルにおいても，たくさんの意味のない説明変数を取り込んで偏回帰係数を推定すると，推定精度が悪くなってしまいます。そのため，目的変数に影響を与えていないと考えられる説明変数については，モデルから変数を削除して，再度，モデル推定をやり直すのがよいでしょう。通常は，偏回帰係数の推定値や p 値などを見ながら，不要と考えられる変数をモデルから取り除き，適切な説明変数を選ぶ変数選択の操作が必要になります。この点は重回帰分析と同様で，AIC などのモデル選択基準を用いて，よいモデルを選択することが可能です。

　また，重回帰分析と同様に，ロジスティック回帰分析を行うと，次のような結果を得ることができます。

1. 偏回帰係数 $\beta_0, \beta_1, \cdots, \beta_d$ の推定値，標準誤差，信頼区間
2. 偏回帰係数 $\beta_0, \beta_1, \cdots, \beta_d$ の検定のための統計量，p 値
3. 説明変数のオッズ比とその信頼区間

　ロジスティック回帰分析の各回帰係数の検定においても，重回帰分析と同様に「偏回帰係数が 0 である」であるという帰無仮説のもとで検定が行われます。一般的に χ^2（カイ二乗）検定が使われ，偏回帰係数の **Wald 統計量**が χ^2（カイ二乗）分布の棄却域にあれば，帰無仮説を棄却できる（偏回帰係数が 0 ではないと言える）ことになります。実際には，各偏回帰係数に対して示される p 値が有意水準より小さく統計的有意であれば，その説明変数は目的変数に対して影響を与えていると判断してよいでしょう。

　一般に，説明変数が反応確率 π_y に影響を与えているか否かは，偏回帰係数の p 値で統計的な有意性を分析することができますが，ビジネスの世界で重要なのは「説明変数が 1 単位変化したとき，どの程度のインパクトが見込めるのか」ということになります。その際には，偏回帰係数の推定値によって，そのインパクトの大きさを知ることができます。これを少し別の角度から見た基準が**オッズ比**です。$Y = 1$ となる確率と $Y = 0$ となる確率の比 $\left(\frac{\pi_y}{1-\pi_y}\right)$ はオッズと呼ばれ，ロジスティック回帰分析ではこのオッズが説明変数の線形結合で表されるモデルでした。もし，ある説明変数の影響が大きければ，説明変数が変化したときのオッズの変化も大きくなるはずです。その変化を比の形で見たものがオッズ比になりま

す。すなわち，オッズ比は「その説明変数が 1 単位増加したときに，$Y = 1$ となる確率が約何倍になるか」を表す数値です。もし，オッズがまったく変化しないのであれば，オッズ比は 1 になります。

13-5 データ収集の問題

　分類問題のためのサンプリングにおいては，しばしば問題特有の事情を考慮した方法にせざるを得ない場合があります。もし，本当にランダムサンプリングして得られたデータで，$Y = 1$ の場合と $Y = 0$ の場合がほぼ均等になっているような問題であれば，そのままロジスティック回帰分析を適用すればよいでしょう。

　一方，しばしば興味の対象となる事象の方が極めてまれで，データ数が非常に少ない場合があります。たとえば，次のような問題です。

1. ある病気を発症する患者 ($Y = 1$) と発症しない健常者 ($Y = 0$) を目的変数とし，さまざまな環境要因から，病気の発症要因を分析する問題。この場合，全人口の多くを占める健常者と比較すると，患者の数が圧倒的に少ない。
2. あるオンラインショッピングサイトにおいて，年間 50 万円以上購入をしてくれるような，優良顧客となる要因を分析する問題。この場合，優良顧客を $Y = 1$，それ以外の顧客を $Y = 0$ とすると，全顧客に占める優良顧客の割合は非常に小さくなる。
3. チラシ広告やクーポンなどの広告ツールが，お店への来店にどう寄与しているかを分析する問題。この場合，来店した人を $Y = 1$，来店しなかった人を $Y = 0$ と考えると，チラシ広告やクーポンを配布した地域の消費者に対し，実際に来店した人の割合は非常に小さくなる。

　このような場合，分析対象である $Y = 1$ のケースが数として少ないので，これらのデータを先に収集してきて，それに合わせる形で $Y = 0$ のデータをランダムに収集してくるような方法が取られます。たとえば，優良顧客の特徴分析をしたい時に，優良顧客は 1,000 人だけで，その他の顧客が 20 万人である場合，これらの 201,000 人のデータに対して，そのままロジスティック回帰分析を適用するのは避けるべきでしょう。反応確率 π_y が極めて微小な値となってしまい，回帰のパラメータの推定が，数の多いその他の顧客の統計的特徴に引っ張られてしまいそうです。反応確率が非常に低くあまり変化しないことになるので，推定された偏回帰係数も非常に小さい値とならざるを得ません。

　このような場合，その他の顧客からはランダムに 1,000 人をサンプリングしてきて，優良顧客 1,000 人とその他の顧客 1,000 人の合計 2,000 人のサンプルでロジスティック回帰分析を行う方法も現場ではよくなされています。このような方法は，**アンダーサンプリング**

と呼ばれます。ここでは，その他の顧客から 1,000 人をランダムサンプリングする例を示しましたが，この人数はもう少し多くしても分析が可能です。ただし，元の母集団分布からランダムサンプリングしたデータに，手を加えてデータのバランスを整えてしまっており，$Y = 1$ となる反応確率は，その他の顧客からサンプリングする数によって大きく変化してしまうことに注意が必要です。たとえば，その他の顧客を 3,000 人サンプリングして，優良顧客と合わせて 4,000 人でロジスティック回帰分析をすると，反応確率 π_y は低下してしまいます。しかし，オッズ比は，このような「その他の顧客のサンプル数をいくつにするか」の影響を受けません。この点が，オッズ比を用いることのメリットになります。

なお，最近の機械学習の分野においても，$Y = 1$ と $Y = 0$ のサンプル数で極端なアンバランスが生じる場合の対処法が研究されています。数が少ない $Y = 1$ の方のサンプルから「ランダムに 1 つのサンプルを選択し，それをデータとして記録して戻す」という操作を繰り返すことで，サンプル数を割り増すような方法も使われています。このような方法は**オーバーサンプリング**と呼ばれます。いずれにしても，目的変数が $Y = 1$ と $Y = 0$ の二値の場合の分類問題では，しばしばデータ数の偏りが大きくなりますので，その取り扱い方については注意が必要です。

コラム

ビジネスの現場では，改善したい何らかの評価基準を KPI（Key Performance Indicators）という定量的な指標で明確にしている場合も多くあります。そのような指標（アウトカム）を目的変数，その原因系を説明変数とした重回帰分析やロジスティック回帰分析は，効果的な施策立案のための強力なツールとなります。どのような変数がアウトカムに影響を与えているのかを分析することで，重要な要因を特定することができ，施策のメリハリと優先順位をつけることが可能になります。

しかし，このような分析手法で注意しなければならないことがいくつかあります。
1 つは，推定された偏回帰係数の値が大きくなった説明変数が，必ずしも目的変数の予測に重要であるとは限らないことです。偏回帰係数は，説明変数を 1 だけ増やすときの目的変数の平均値の増減の程度を表していると言えます。その意味では，目的変数に与える説明変数の影響度という言い方ができないわけではありませんが，そもそも「説明変数がどのくらい変動しているのか」という点が考慮されていません。たとえば，身長と胴囲を説明変数として体重を予測する回帰モデルを構築するとき，身長を m（メートル）で測った場合と cm（センチメートル）で測った場合では，同じ 1 という値でも 1m と 1cm でまったく意味が異なります。このように説明変数のスケールの取り方によって，推定される回帰係数の値は

大きくなったり，小さくなったりもしますので，この点には注意が必要です。このような問題は，説明変数をすべて平均 0，分散 1 になるように基準化してから回帰モデルを推定すればよいでしょう。このようにして推定した回帰係数を，標準回帰係数といいます。

　また，推定された回帰係数が有意になったからといって，それは必ずしも因果関係を保証している訳ではないことにも注意が必要です。「その説明変数が目的変数に何らかの影響を与えている」という仮説は，何らかの方法で検証が必要です。仮に，説明変数に含まれていない重要な要因があって，説明変数と目的変数の双方が，その（観測されていない）要因によってともに影響を受ける場合，ここでも見せかけの相関の問題が起こり得ますので注意しましょう。

　ビジネスの世界では，因果関係のない施策を実行しても意味がありません。アウトカムに影響を与えていることが示唆される要因が見つかった場合には，その説明変数のみを変化させた A/B テストを実施して，統計的検定によって効果を検証するべきでしょう。

　加えて，重回帰分析やロジスティック回帰分析に用いられているデータが，本当に知りたい母集団からのランダムサンプリングになっているか否かについても，きちんと確かめましょう。ビジネスの世界では，ある種の意思決定が行われている状況でのデータしか得られないことも多々あります。たとえば，優秀な人材を獲得するために，過去の人材採用データから「採用試験の際のさまざまなスコアが，入社後のパフォーマンスとどう関係するか」を回帰モデルでモデル化することを考えてみてください。一見，入社前に実施した採用試験のスコアと入社後のパフォーマンス指標を結びつければ，「入社後に活躍しそうな人材」を特定できそうな気がします。しかし，この回帰分析には，採用試験に落ちた多くの人材のデータが反映されていない点に注意する必要があります。入社試験に合格した社員だけのデータから得られた回帰モデルを，本当に採用前の受験者全体にあてはめて良いのかどうか，についてよく検討する必要があります。統計学の用語では，このようにモデルに用いたい対象とは異なる偏ったサンプルが得られてしまうとき，これを選択バイアスといいます。

　最後になりますが，説明変数がたくさんある場合は，回帰モデルに取り込む変数を適切に選んで，必要最小限の説明変数によってモデルを作る必要があります。これは，説明変数が多過ぎると，観測されている有限のサンプルデータから推定した偏回帰係数の推定値の精度が落ちてしまうためです。説明変数の選択には，有意性検定の p 値や F 値を用いて，説明変数を加えたときにこれらが改善する度合いによって，逐次的に説明変数を選んでいくような方法が考えられます。このような説明変数の選択問題にはほかにもさまざまな方法がありますが，絶対的に優れた方法が唯一存在する訳ではありませんので，最終的にはモデルを利用する分析者が適切な方法を採用していく必要があるでしょう。

章末問題

1. ロジスティック回帰モデルについて，次の説明のなかから誤っているものを選んでください。
   (1) ロジスティック回帰モデルは目的変数が二値の質的変数である場合に適用されるモデルである
   (2) ロジスティック回帰モデルの説明変数は，ダミー変数を用いて定義される
   (3) ロジスティック回帰モデルでは，目的変数が 1 をとなる確率をロジスティック関数で表現する
   (4) ロジスティック回帰モデルは，オッズが説明変数の線形式で与えられることを仮定したモデルである

2. ロジスティック回帰モデルの偏回帰係数の推定に使われる方法としてもっとも適切なものを，次のなかから選んでください。
   (1) ニュートン・ラフソン法
   (2) 最小二乗法
   (3) マルコフチェーン・モンテカルロ法
   (4) シンプレックス法

3. ロジスティック回帰分析について，次の説明のなかから誤っているものを選んでください。
   (1) ロジスティック回帰分析では，偏回帰係数の統計的な有意性を検定することができる
   (2) ロジスティック回帰分析では，各説明変数に対するオッズ比を見ることで，説明変数の反応確率への影響の強さを見ることができる
   (3) ロジスティック回帰分析では，あてはめた回帰の残差平方和を用いて，データへのあてはまりの程度を検証することが一般的である
   (4) ロジスティック回帰分析では，回帰に取り込む説明変数を適切に選択することが重要である

4. ロジスティック回帰分析を行ったときに，分析者が見るべき分析結果として明らかに誤っているものを選んでください。
   (1) 寄与率と自由度調整済み寄与率
   (2) 偏回帰係数の検定統計量と p 値
   (3) 説明変数のオッズ比とその信頼区間

(4) 偏回帰係数の推定値と信頼区間

5. 次の用語のうち，ロジスティック回帰分析ともっとも関係がないものを選んでください。
   (1) 反応確率
   (2) ロジット変換
   (3) オッズ
   (4) 移動平均

6. ロジスティック回帰分析における説明変数の選択について，次の説明のなかから誤っているものを選んでください。
   (1) 偏回帰係数や p 値を見ながら不要な説明変数を調べる必要がある
   (2) 偏回帰係数の推定を行う前に，不要な説明変数を特定することができる
   (3) 説明変数の選択には，AIC などのモデル選択基準を活用できる
   (4) 説明変数の適切な選択により，偏回帰係数の推定精度の悪化を防ぐことができる

章末問題　解答と解説

第2章　母集団と統計データ（9問）

（問1）

正解：（4）

　統計分析の対象となる集合全体のことを母集団といいます。統計的な方法では，ある有限のデータ（サンプル）を観測してさまざまな推測を行いますが，その推測をしたい対象が母集団です。成人全体を調査対象としたい場合には，成人全体が母集団となりますが，これは調査の目的によって，その都度適切に設定されなければなりません。

（問2）

正解：（1）

　標本は，母集団の統計的性質を知るために抽出されるものですので，母集団の確率分布に従って互いに独立に採取される必要があります。実際の場面で，サンプリングのコストや手間をかけないようにする場合はありますが，原則として，母集団分布に従ったランダムサンプリングが基本です。観測された標本を見ながら恣意的に抽出方法を調節するようなことはあってはなりません。

（問3）

正解：（4）

　択一式の回答項目に対して，被験者が2つ以上の項目を回答した場合，もはや被験者は質問の意図を正しく理解していたとは見なせません。このような場合は，有効回答ではないと判断し，分析対象データから外す必要があります。しばしば，社会調査などではこのような無効回答が存在しますので，アンケート実施数とともに有効回答数を明確にしたうえで，分析を進める必要があります。

（問4）

正解：（1）

　統計量とは，たいへん重要な統計学の専門用語です。一般に，得られた標本データを集計・加工して得られる数量のことを統計量といいます。厳密には1つの数値ではなく，確率変数を意味しているのですが，その厳密な使い分けは，統計学の理論を深く学んでから理解すれば十分です。標本データの合計も1つの統計量ですが，それ以外にもさまざまな統計量が考えられます。

（問 5）

正解：（2）

　記述統計は，推測統計と対となっている専門用語です。観測された標本データの特徴を分析しようとするのが記述統計であり，標本データをもとに母集団の統計的性質について推測を行おうとするのが推測統計です。記述統計では棒グラフやヒストグラムなどの図や表が駆使されることが多いですが，これがすべてではありません。

（問 6）

正解：（4）

　名義尺度とは，性別や職業などのように，所属するカテゴリの名前を表しているデータの尺度です。これらのカテゴリには順序関係がありません。これに対し，大学の成績や学歴，地震の震度，100m 走の順位などは順序関係があるので，これらのデータの尺度は，順序尺度と呼ばれます。学籍番号は数字ですので，一見すると，順序尺度と思われがちですが，学籍番号は単に学生を識別するためだけの識別番号です。数字の大小に意味が見いだせませんので名義尺度と考えるべきです。

（問 7）

正解：（4）

　選択肢のうち，順序に意味が見いだせるデータは「年代」になります。電話番号や職業，血液型は，単に区別することに意味があり，順序関係がありませんので名義尺度のデータです。

（問 8）

正解：（2）

　比率尺度は，ゼロに「無」の意味が見いだせるものと考えれば良いでしょう。摂氏で測られた気温の場合，「水が氷る温度」を基準として 0 度と定義しただけであり，0 度は「温度が無い状態」を表している訳ではありません。カレンダーの日付や知能指数も同様です。塩分濃度は 0％のとき，塩分がゼロを意味していますので，比率尺度です。

（問 9）

正解：（3）

　絶対温度ではゼロが「温度が無い状態」を意味しています。売上高も 0 円は「売上が全く無い状態」，利益率 0％も「利益が全くない状態」を表しているので比率尺度と言えます。一方，偏差値の場合，偏差値ゼロは「学力ゼロ」を意味している訳ではありません。理論上は，偏差値マイナスも有り得るでしょう。偏差値は，平均的な試験成績の人が 50 になるように基準化されている数値ですので，間隔尺度ですが，比率尺度ではないと言えます。

第3章　1変量データのまとめ方（10問）

（問1）

正解：（1）

　計数値データをグラフ化するときに有用な図は棒グラフや円グラフです。散布図は2つの計量値データの関係を，分割表は2つの計数値データの関係を把握するために利用されます。また，平均値は一般に計量データに対して計算される統計量ですが，計数値データの平均値が全く意味をなさない場合ばかりではありません。たとえば，ある製造ラインにおける日々の不良品数は計数値データですが，1日あたりの平均不良品数を計算することで目安の数字を得ることができるでしょう。

（問2）

正解：（2）

　このケースでは，学生の勉強時間という順序尺度を持つデータの取り扱いを考えています。興味がある対象は「勉強時間」です。各勉強時間のカテゴリに対して回答人数を棒グラフにすることは有用でしょう。その際，棒の高さを人数ではなく，相対頻度としても構いません。ただし，各勉強時間のカテゴリに含まれる学生の人数を平均化したとして，「勉強時間」に対して何か情報が得られるでしょうか？このケースでは，学生の人数の平均値を計算しても意味がありません。一方，目的とする情報を得るためにカテゴリを変更することはしばしば有用となることがあるため，（4）は誤りではありません。

（問3）

正解：（4）

　棒グラフや円グラフでは割合の多い項目から降順に並べている場合，「その他」は最後に置くのが慣例です。これは「その他」という単一項目が存在するわけではなく，頻度の低い項目の寄せ集めだからです。学生数の少ない業種に対して，それらを「その他」として1つにまとめるのは良いですが，その合計人数の割合の順番の場所に挿入するのではなく，最後に持ってくるべきでしょう。

（問4）

正解：（2）

　量的データの中心位置を把握するための統計量が平均値，最頻値，中央値です。これらはすべて分布の中央位置を示す統計量ですが，分布が左右非対称であったり，外れ値が存在していたりすると，しばしば大きく異なる値を取ります。分布が二山型の場合にも，最頻値と平均値，中央値が大きく異なってしまうでしょう。

（問 5）

正解：（3）

　範囲という言葉は，一般的にも使われる言葉ですが，統計学で言う「範囲」は専門用語として認識しましょう。観測されたデータの最大値が 100 で，最小値が 80 の場合，範囲は 100 − 80 = 20 です。「データの存在範囲は 80 から 100 の範囲である」という言い方は意味としては通りますが，統計用語の "範囲" は，区間の大きさを指しますので注意して下さい。

（問 6）

正解：（3）

　ヒストグラムの階級幅は，データ数が少ない時にはある程度大きく取らないと，ヒストグラムは歯抜けのようなガタガタの形になってしまいます。一方，データ数が多くなってくると，ある程度，階級幅を小さく取っても，その範囲内に含まれるデータ数がある程度確保できるので，階級幅を小さく取ることでより精密なヒストグラムを描くことができます。データ数が多い場合に，階級幅を広げるメリットはありません。

（問 7）

正解：（4）

　平均値やモード（最頻値），メジアン（中央値）は分布の中心位置を把握するための統計量ですが，標準偏差は分布のばらつきを推測するための統計量です。

（問 8）

正解：（1）

　幾何平均は，通常の算術平均と異なりますので注意して下さい。6 個のデータの幾何平均は，6 個のデータを掛けて 6 乗根を取ることで得られます。

$$1.0 \times 2.0 \times 2.0 \times 4.0 \times 2.0 \times 2.0 = 2.0^6$$

となるので，この 6 乗根を取ると，答えは 2.0 になります。

（問 9）

正解：（2）

　不偏分散は，偏差平方和（偏差の二乗の和）を（データ数−1）で割ることで計算されます。

$$s^2 = \frac{(1.0 - 3.0)^2 + (2.0 - 3.0)^2 + (3.0 - 3.0)^2 + (4.0 - 3.0)^2 + (5.0 - 3.0)^2}{5 - 1} = \frac{10}{4} = 2.50$$

データの算術平均はデータを5つ足して5で割りますが，不偏分散も同じように5で割って計算しないように注意して下さい。

(問 10)

正解：(3)

範囲は（最大値－最小値）で与えられるので，外れ値が混入すると大きな影響を受けます。四分位範囲はその影響を小さくしたものです。まず，データ全体を昇順に並べ，データを4等分する位置にあるデータをそれぞれ，第1四分位，第2四分位，第3四分位とします。極端なデータの影響を排除するためには，（第3四分位－第1四分位）で定義される四分位範囲とすれば良いと考えられます。

第4章　2変量データのまとめ方（6問）

(問 1)

正解：(3)

分割表は，2つの名義尺度のデータ間の関係を分析するために有用なツールです。全サンプルをある規準となる閾値の値よりも大きいか，小さいかによってデータを分割するような方法ではありません。

(問 2)

正解：(3)

分割表は名義尺度の質的データ間の関係を調べるのに有効であり，この場合は，喫煙の有無と肺がん発症の関係を調べるツールとして適しています。添加物を燃料に加えることで燃費が向上するか否かは，平均値の検定で判定できます。男女間での期末試験の得点差分析については，期末試験の得点は量的データであるため，2つの母集団間で平均値に差があるか否かを検定するべきでしょう。100m走のタイムと走り幅跳びの関係性は散布図や相関分析が適しています。

(問 3)

正解：(2)

オッズ比の計算の定義から，

$$\phi = \frac{50/10}{25/75} = \frac{5}{1/3} = 15.0$$

と計算されます。

（問 4）

正解：（3）

　相関係数は，2つの量的データ間の直線的関係を測るための指標です。相関係数が0ということは，2つの変数間に直線的な関係性が見られないということを意味していますが，これが直接「2つの変数は独立である」ということを意味していません。直線関係になくても，両変数に関係性があるようなケースは容易に作ることができます。

（問 5）

正解：（4）

　相関係数が−0.95と，非常に−1に近い値である場合，2変数間には強い負の相関があることが疑われます。しかし，単に数字だけで信用せずに，散布図もきちんと確認した方が良いでしょう。時として，大きな外れ値がある場合には，相関係数がその外れ値の影響を多大に受けている可能性があります。観測データから計算された相関係数が＋1や−1に近い値を取っているからと言って，それらの数値自体の信ぴょう性が高いとは言えません。きちんとその相関係数の値が，合理的なものであるかを確認すべきです。その意味では，（1），（2），（3）も誤りではありませんが，それぞれ結論を出すためには慎重な検討が必要と言えます。

（問 6）

正解：（3）

　「見せかけの相関」とは，本来，因果関係はないのにも関わらず，データを観測して散布図を描いてみると，相関関係が見られるようなケースを指します。この問題では，「小学生の身長とお小遣いの額」は見せかけの相関と考えられます。小学性は学年とともに身長は伸び，それと同時にお小遣いの額も増えていきますので，学年という潜在的な要因を介して，身長とお小遣いの額には正の相関が見られます。しかしながら，仮に身長が1日で10cm伸びたからと言って，すぐにその分のお小遣いの額が増えるかというと，それらの間には因果関係はないと言わざるを得ないでしょう。

第5章　確率と確率分布（5問）

（問 1）

正解：（3）

　確率とは，標本空間上のすべての部分集合に対して定義される必要があります。たとえば，52枚のトランプから1枚引くとき，「引いたカードがハートである」という事象は，52枚のうちのハートの13枚という部分集合に対して与えられる確率で定義されます。このように，現実的に我々が目にする事象すべてに対して確率が付与されている必要があります。この場合では，確率が「根元事象に対してのみ定義される」と限定している

（3）が誤りとなります。

（問2）

正解：（4）

　確率分布を定義する際，離散確率分布では，各値を取る確率を表現した確率関数によって確率分布が一意に定義できます。一方，連続確率分布の場合には確率密度関数を示さないといけません。このように確率と確率密度の差異が出てきてしまいますが，分布関数を用いると，連続確率分布と離散確率分布を同じ土俵で記述することが可能になります。

（問3）

正解：（2）

　2つの確率変数 X_1 と X_2 に対し，これらの和 $Z = X_1 + X_2$ の期待値を計算すると，

$$E[X_1 + X_2] = E[X_1] + E[X_2]$$

が得られます。

（問4）

正解：（3）

　各目の出る確率は等しく 1/6 であるので，期待値は

$$1\frac{1}{6} + 2\frac{1}{6} + 3\frac{1}{6} + 4\frac{1}{6} + 5\frac{1}{6} + 6\frac{1}{6} = 3.5$$

となります。

（問5）

正解：（4）

　ある分散を持つ確率変数 X に対して，定数 a を用いて aX という確率変数を考えると，この $Y = aX$ という確率変数の平均は a 倍，分散は a^2 倍になります。テキスト 5-2-3 節の「定理 5.5」及び「定理 5.7」を参照してください。

第6章　さまざまな確率分布（6問）

（問1）

正解：（3）

　ある一定の確率で起こる事象があるとき，n 回の観測中，この事象が起こった回数の確率分布は二項分布と呼ばれています。たとえば，コインを n 回振ったときに表がでる回数，

勝つ確率が一定のゲームを n 回繰り返したときに勝つ回数，サイコロを n 回振ったときにある特定の目が出る回数などは二項分布に従います。

(問2)

正解：(3)

正規分布は，連続の確率変数が従う分布としてもっとも基本的な分布です。人の身長や体重，製品の重量など，左右対称の釣鐘状の分布に従う事象を表した分布で，平均値と分散によって分布の形が一意に決まります。データを正規化したから正規分布という訳ではありません。また，確率密度関数は，全区間で積分をすると確率が1になるような関数であるため，確率密度自体は1を超えることもあります。

(問3)

正解：(2)

統計学の手法の多くでは，正規分布を前提とした方法が採用されています。その根拠の一つとしてあるのが，中心極限定理です。1つ1つはさまざまな確率分布を持っていたとしても，それらをたくさん集めて和を取ると，その和は正規分布で近似できることを理論的に保証しているのが中心極限定理です。

(問4)

正解：(3)

正規分布の数値表を読めば正確な値が分かりますが，大体の値は考えれば推測できます。

標準偏差の値を σ（シグマ）とすると，正規分布では，平均値から $\pm\sigma$ 以内の範囲に含まれる確率は約68%，$\pm2\sigma$ 以内の範囲に含まれる確率は約95%，$\pm3\sigma$ 以内の範囲に含まれる確率は約99.7% です。この問題では，平均よりも 2σ だけ大きい値よりも小さい値が出る確率ですから，0.5 や 0.023，0.2 といった確率は，まずありえないことは直感的に分かります（正規分布の絵を描いてみましょう）。

(問5)

正解：(1)

これも数値表を読むまでもなく，正規分布において「a以上の値がでる確率が0.5である」ような a は中央値であることはすぐに分かります。標準正規分布の中央値は，平均値と同じく0ですから，この場合の正解は 0.000 となります。

(問6)

正解：(2)

まず，X > 120 という事象を，標準正規分布に従う Z を用いて書き換えます。まず，X > 120 は両辺から平均値 100 を引き，標準偏差 10 で割ることで，(X − 100)/10 > (120

－ 100)/10 と同じになります。ここで，Z ＝ (X － 100)/10 とおくと，この Z は基準化
により標準正規分布に従い，Z ＞ 2.0 であることが分かります。

　　すなわち，P(X ＞ 120) ＝ P(Z ＞ 2.0) となります。あとは標準正規分布において， 2 σ
以上の値が起こる確率を求めれば OK です。

第 7 章　標本分布（6 問）

（問 1）
正解：(4)

　　正規分布に関する基本的な問いです。正規分布は確かに多くの統計的推測で前提となっ
ている確率分布ではありますが，必ずしもすべての統計的検定の帰無仮説に使われている
訳ではありません。問題によって適切な確率分布が仮定される必要があります。

（問 2）
正解：(2)

　　正規分布から得られる標本データを平均と標準偏差で基準化した統計量は，やはり正規
分布に従います。しかし，現実場面では，標準偏差が未知のことも多くあります。そのよ
うなとき，標準偏差を標本データから計算される不偏分散で代用することが出来ますが，
その統計量が従う分布が t 分布です。 t 分布は平均値の統計的推測で良く使われます。

（問 3）
正解：(3)

　　F 分布や t 分布，χ^2（カイ二乗）分布は，すべて正規分布に従う確率変数を変形した統
計量が従う分布です。これらはすべて連続確率変数の分布です。多項分布は，たとえばサ
イコロを振ったときに， 1 の目， 2 の目， …， 6 の目が出る回数が従うような離散確率分
布で，正規分布とは特に関係がありません。

（問 4）
正解：(4)

　　X の平均が μ，標準偏差が σ であるとき，Y ＝ aX ＋ b とすると，Y の平均は aμ ＋ b，
標準偏差は |a|σ となります。すなわち，Y の分散は $a^2\sigma^2$ となります。この問題は確率変
数の基準化に深い関係があります。Y の平均が 0，分散が 1 となるように a と b を決める
とどうなるか考えてみましょう。

　　テキストの 6-2-2 節にある「正規分布に従う確率変数の変換 (1)」を参照してください。

（問 5）
正解：(2)

平均値を用いた統計的検定を用いる際に基本となる性質です。同じ平均 μ と分散 σ^2 を持つ正規分布から n 個のデータを観測して，それらの算術平均を計算した場合，その n 個の平均という統計量が従う分布はやはり正規分布であり，平均は μ で変わりませんが，分散は σ^2/n と $1/n$ になります。

テキスト 7-1-3 節「算術平均の標本分布」を参照してください。

（問6）

正解：（3）

t 分布や F 分布，χ^2（カイ二乗）分布は，すべて正規分布から導かれる分布で，自由度というパラメータを持ちます。これらはデータから推測される推定値を用いて統計量を構成した際の分布として導かれています。データから推定される推定値は，当然ながらデータ数が多ければ正しい値に近いですが，データ数が少なければ信頼性が低いでしょう。そのような統計量を計算するために用いたデータ数に依存する分布形の差異を盛り込むために出てくるのが自由度であると理解しておけば，当面は良いでしょう。

第8章　検定と推定（11問）

（問1）

正解：（3）

統計的仮説検定では，帰無仮説のもとで，実際に得られている統計量が確率的に起こり得るか否かを検定します。p 値は，帰無仮説が正しいとした場合に，得られた統計量が得られるという事象がどの程度の確率を持って起こり得るのかを計算したものであり，計算された統計量に対して付与される数値です。その値が設定した有意水準よりも小さければ帰無仮説を棄却できるでしょう。従って，p 値自体は，統計家が設定する値ではありません。得られた統計量に対して計算される値です。これに対して，(1)，(2)，(3) はそれぞれ，テキスト 8-1-1 節「仮説検定の手続き (1)」及び「仮説検定の手続き（2）」において定められた手続きです。

（問2）

正解：（1）

第1種の誤りとは，帰無仮説が成り立っているにも関わらず，誤って対立仮説を採択してしまう誤りのことをいいます。通常の仮説検定では，この誤りを 5% や 1% に設定することが多いのは事実ですが，これらの有意水準をどのように設定するのかは最終的には分析者の判断によります。

（問3）

正解：（2）

第2種の誤りとは，対立仮説が成り立っているにも関わらず，正しく帰無仮説を棄却できない誤りのことをいいます。対立仮説が正しい場合であっても，統計量の分散が大きかったりすると，帰無仮説が成り立っている場合でもその統計量が得られる可能性が高いということが多々あり，帰無仮説を棄却できません。そのような場合，サンプルサイズを増やすと，この第2種の誤り確率を小さくすることができます。ただし，むやみやたらにサンプルサイズを増やすと，微小な差異でもすべて検出して帰無仮説を棄却してしまうので，統計的有意性だけでなく，実際の推定値の差異をみて考察することが必要です。

（問 4）

正解：(3)

平均 μ，標準偏差 σ の正規分布に従うサンプルを n 個観測した時の平均値の検定を行う場合，標準正規分布と比較する統計量は，算術平均から μ を引き，$\sigma/\sqrt{n}$ で割って得るのが鉄則です。この場合，$\sigma = 10.0$ であり，

$$\sqrt{n} = \sqrt{25} = 5 \text{ なので，} \sigma/\sqrt{n} = 2.0 \text{ で割ることになります。}$$

（問 5）

正解：(1)

検出力とは，対立仮説が正しいときに，正しく帰無仮説を棄却できる確率のことです。検出力はサンプルサイズを増やすと高めることが可能です。

（問 6）

正解：(4)

まず，推定とは未知の母数に対して，観測データから何らかの統計的な推測を行う行為をいいます。その際，母数の推定値を1つの数値で推測したものが点推定です。母数の点推定にはいくつかの方法が考えられるので，唯一の正しい推定式があると言い切ることはできません。不偏推定量という枠組みの中で，もっとも推定量の分散が小さいものを最良とするといった考え方はありますが，現実問題では取扱いの容易性なども考慮してさまざまな方法がとられます。

（問 7）

正解：(3)

単純に5つのデータの算術平均を計算すればOKです。点推定としては，ほかの値も間違いではありませんが，推定精度の観点から，算術平均を用いることがもっとも望ましいと言えます。

（問 8）

正解：(3)

信頼区間とは，区間推定の際に得られるある一定の確率で母数が存在するであろう範囲を表します。この信頼区間は狭いほど，母数の位置を正しく推測できていることになるので望ましいですが，一般にはこれはサンプルサイズと帰無仮説で設定される母数（特に分散）に依存します。なるべく推定精度を高め，信頼区間を狭くしたい場合には，より多くのサンプルサイズを用いることで信頼区間を狭めることが可能です。

（問9）

正解：（3）

　標本の算術平均は，正規分布の母平均を推定するための推定量となっています。母分散の推定量ではありません。

（問10）

正解：（4）

　通常使われる算術平均は，実は母集団の母平均を推定するためにさまざまな良い性質を持っています。算術平均は，母平均に対する最尤推定量，かつ不偏推定量であり，さらに不偏推定量の中でももっとも分散の小さい有効推定量でもあります。これが，算術平均が一般に用いられている理由でもあります。ただし，ベイズ推定量はここでは関係がありません（ベイズ推定量は，基本的な統計学の範囲外の知識ですが，人工知能や機械学習で重要な手法となっています）。

（問11）

正解：（1）

　この問題は実はかなりの難問で，これが出来た人は，相当統計学の知識があると言えるでしょう。母分散の不偏推定量の式としては，不偏分散

$$\hat{\sigma}^2 = \frac{1}{n-1} \sum_{i=1}^{n} \left(X_i - \bar{X} \right)^2$$

という式がありますので，（2）が正しいと勘違いしてしまいそうです。しかし，（2）では $\bar{X}$ ではなく，代わりに μ が使われています。

　この場合，母平均 μ が既知というもとで，$\sum_{i=1}^{n}(X_i - \mu)^2$ という偏差平方和を考えているので，

$$E\left[\sum_{i=1}^{n}(X_i - \mu)^2\right] = \sum_{i=1}^{n}E\left[(X_i - \mu)^2\right]$$
$$= \sum_{i=1}^{n}\sigma^2$$
$$= n\sigma^2$$

であることに気づけば,

$$E\left[\frac{1}{n}\sum_{i=1}^{n}(X_i - \mu)^2\right] = \sigma^2$$

ですので, (1) が不偏推定量であることが分かります.

第9章　母平均の検定と推定 (8 問)

(問 1)

正解：(3)

検定統計量を計算すると,

$$z = \frac{105.0 - 100.0}{10/\sqrt{25}} = \frac{5}{2} = 2.5$$

となります. 帰無仮説のもとで, この統計量は標準正規分布に従うため, 両側 5% のパーセント点である 1.96 と比較して結論を出すことができます. $z > 1.96$ であるため, 有意水準 5% で帰無仮説は棄却され, 平均値 μ は 100 ではない ($\mu \neq 100.0$) と結論づけることができます.

(問 2)

正解：(1)

上の問題と同様に検定統計量を計算すると,

$$z = \frac{102.0 - 100.0}{10/\sqrt{25}} = \frac{2}{2} = 1.0$$

となります. $z < 1.96$ であるため, 有意水準 5% で帰無仮説は棄却できず, 平均値 μ に対し「$\mu \neq 100.0$ であるとは言えない」と結論づけることができます (「$\mu = 100$ である」と言い切っていない点に注意).

（問 3）

正解：（3）

平均値 μ が 100.0 よりも大きいか否かの検定であるので，上側確率を用いた片側検定を行います。検定統計量を計算すると，

$$z = \frac{105.0-100.0}{10/\sqrt{25}} = \frac{5}{2} = 2.5$$

となります。$z > 1.645$ であるため，有意水準 5 ％で帰無仮説は棄却され，平均値 μ は 100 より大きい（$\mu > 100.0$）と結論づけることができます。

（問 4）

正解：（3）

平均値 μ が 100.0 よりも小さいか否かの検定であるので片側検定を行います。ただし，サンプルから計算された算術平均値が検定対象である母平均値よりも小さい場合には，検定統計量はマイナスになります。そのため，この統計量を検定する場合には，標準正規分布の上側パーセント点の値を（−1）倍した値よりも検定統計量が小さいかどうかによって検定を行います。

（問 5）

正解：（2）

p 値とは，帰無仮説が成り立っているもとで，実際に観測された統計量の値が出てくる可能性を確率によって表したもので，その統計量の値よりも極端な値が出現する確率で定義されます。連続確率変数の場合，統計量がある値になる確からしさは確率密度によって表されており，「その統計量そのものの値が出現する確率」はゼロになってしまいます。p 値は，その統計量よりも極端な値が出る確率であり「有意水準と比較して，有意水準よりも小さければ統計的に有意と判断するための値」と認識して下さい。

（問 6）

正解：（4）

2 つの母集団の平均値の差の検定では，両母集団の分散が等しいか，等しくないかによって異なる検定手法が取られます。まず，両母集団で分散が等しいと考えられる場合には通常の t 検定，分散が異なると考えられる場合にはウェルチの t 検定が使われることを認識して下さい。次に，等分散性の検定ですが，これには F 検定が用いられます。従って，分析の手順としては，まず F 検定によって等分散性の検定を行ってから，等分散の場合は通常の t 検定，分散が異なる場合はウェルチの検定を適用します。

（問 7）

正解：(1)

　対応のある標本から，２つの母集団の平均値の差の検定を行う場合には，まず各対とな
っている標本の差分を計算し，その差分の（算術）平均値と不偏分散を用いて検定を行い
ます。これによって，各データ対に依存した効果がキャンセルされ，純粋に両母集団の平
均値の差を検定することができます。各々の母集団に対して，別々に平均値や不偏分散を
計算するような手順は取ると，差が検出できなくなることがしばしば起こります。

（問 8）

正解：(2)

　対応のある標本を用いた２つの母集団の平均値の差の検定手順です。この場合は，各
対となっている標本の差分を計算し，その差分の（算術）平均値と不偏分散を用いて検定
が行われますので，両母集団の母分散が等しいか否かを判断することはありません。また，
差分 D_i をもとに計算された検定統計量 T は，帰無仮説のもとで t 分布に従います。従っ
て，この場合の検定は，正規分布ではなく，t 分布による検定となります。

　テキスト 9-2-2 節の「対応のある２組のデータの母平均の差の検定」を参照してくだ
さい。また，（4）は「9-1-1 母分散がわかっている場合の母平均の検定」に記載したとお
りですが，実際には母分散が分かっていることはほとんどないことには注意が必要です。

第 10 章　さまざまな仮説検定（4 問）

（問 1）

正解：(3)

　比率の推定量は，標本数 n が十分大きければ近似的に正規分布に従うことを利用し，
正規分布を用いて近似的な検定を行うのが一般的です。その際，np と $n(1-p)$ がともに 5
以上あれば，正規近似してもほぼ問題ないことが実務的には知られています。

　一方，二項分布を駆使して厳密な検定を行うことも可能ですが，棄却域を求めるために，
その都度，コンピュータを用いて二項分布の確率の和を求めなければならず，あまり実用
的ではありません。

（問 2）

正解：(4)

　適合度検定は，得られたデータが，ある特定の確率分布に従って得られたものと言える
かどうかを確認するための検定です。検定には χ^2 分布（カイ二乗分布）が用いられます
が，その際の統計量の自由度は（階級数－1）となります。（データ数－階級数）ではあ
りません。

（問 3）

正解：（2）

　この問題は難問の一つです。分散分析では，分散比を用いて検定を行うので，ともすれば「分散に関する検定をしている」と勘違いをしがちですが，正しくは「因子の水準間で平均値が異なっているか否か」を検定する方法です。その検定のために用いる分散分析では，群間変動と群内変動を自由度で割った分散の比を検定統計量とします。偏差平方和の比ではありません。

（問 4）

正解：（1）

　分散分析は，因子の複数の水準間で平均値が異なっているか否かを知りたいときに適用すべき方法であり，単純に 2 つの母集団の母平均に差があるかどうかを検定したいのであれば，通常の t 検定による母平均の差の検定を適用するべきです。テキストの 10-4 節「分散分析」を参照してください。

第 11 章　相関と回帰（5 問）

（問 1）

正解：（4）

　相関係数は 2 つの変数の直線的な関係を数値化したものであり，相関係数が 0 であることが，両変数の独立性を意味している訳ではありません。そのため，相関係数の値だけを見て結論を導くのは危険です。相関分析では，まず散布図をきちんと確認した後，t 検定やフィッシャーの Z 変換を用いて検定や推定を行うことが可能です。

（問 2）

正解：（4）

　まず，単回帰モデルの式中の ε は誤差項です。一方，回帰分析において，残差とは，各データ点において，回帰で説明が出来ない部分を意味し，分析対象データ 1 つ 1 つに対して残差が計算されます。回帰モデルにおける誤差項 ε はあくまでモデル上の確率変数であり，直接観測することはできません。各データに対して計算される残差とは明確に切り分けて理解しましょう。

（問 3）

正解：（3）

　回帰分析における誤差の 4 つの仮定はしっかりと理解しましょう。誤差には，同じ分散を持った正規分布に従い，期待値がゼロで，互いに独立であることが仮定されています。左右非対称である場合には，しばしば分析上の問題が生じるでしょう。

（問 4）

正解：(2)

　単回帰分析における寄与率は，説明変数と目的変数の相関係数の二乗に等しいことが知られています。寄与率自体は，推定された回帰係数の信頼性を直接表している訳ではありませんが，得られた回帰式が，全データの変動をどれほど説明しているかを表す評価値であり，1 に近いほど説明力が高いと言えます。

（問 5）

正解：(1)

　回帰係数の p 値とは，真の回帰係数が 0 である（すなわち，説明変数と目的変数には直線的関係が無い状態）と仮定したときに，実際に推定された回帰係数が得られる可能性を確率で表したもの（厳密には，推定された回帰係数よりも極端な値が得られる確率）です。これが小さければ，真の回帰係数は 0 ではないであろう（すなわち，説明変数と目的変数には直線的関係がある）と判断を下すことができるという訳です。

第 12 章　重回帰分析（8 問）

（問 1）

正解：(2)

　単回帰と重回帰の違いは，説明変数の数によって定義されます。説明変数の数が 1 つのとき単回帰，説明変数の数が 2 つ以上のとき重回帰と呼ばれます。

（問 2）

正解：(2)

　重回帰分析の説明変数として，質的変数を用いたい場合には，ダミー変数を用いてモデルに取り込みます。たとえば，目的変数の値が性別によって異なると考えられる場合，男性を 1，女性を 0 と表現した 0-1 変数を説明変数に加えておくことで，性別の差による目的変数への影響が回帰モデルに取り込まれます。この場合，推定された回帰係数は「男性の目的変数の平均値は，女性のそれに比べてどの程度変化するか」を意味する値になります。

（問 3）

正解：(4)

　単回帰分析や重回帰分析において，回帰係数の推定に用いられるもっとも基本的な手法は，最小二乗法です。シミュレーション法や最急降下法は，解析的に最適解が求められないような最適化問題にしばしば使われる技法であり，機械学習やオペレーションズリサーチなどの分野ではメジャーな方法ですが，多変量解析などの基本的なデータ分析手法とし

てはあまり登場しません。幾何平均法は，階層分布法（AHP）という意思決定モデルでも使われる手法です。

（問4）

正解：（1）

　重回帰モデルによって出力される目的変数の予測値と，目的変数の実測値がどの程度近い値であるかは，回帰モデルの有用性を検討するために重要です。目的変数の予測値と実測値の相関が強ければ，良い予測を出力できていることになります。そこで，目的変数の予測値と実測値の相関係数は，重相関係数と呼ばれ，得られた回帰モデルの有用性を図るための一つの指標とされています。

（問5）

正解：（3）

　重回帰分析では，誤差の独立性，正規性，不偏性，等分散性という誤差の4条件が仮定されています。多重共線性は，説明変数間で強い相関がある場合に「多重共線性の問題がある」と言われ，重回帰分析をデータに適用する際にしばしば問題となる事象です。多重共線性のあるデータに対しては，適切な変数の除去や主成分分析の導入など，適切な対応を取る必要があります。

（問6）

正解：（2）

　誤差の4条件が成り立つもとで，推定量である偏回帰係数はt分布に従うことが知られています。データ解析のソフトウェアパッケージには，推定された偏回帰係数のt値という値が計算されて出力されていることがありますが，これは真の回帰係数が0であることを仮定した際の推定された偏回帰係数のt値を表しています。この値がある程度大きければ，真の回帰係数は0ではないと判断して差し支えないでしょう。

（問7）

正解：（3）

　この問題は，テキスト12-3節「モデルの妥当性の検討」及び12-4節「説明変数の選択」の内容を理解していないと分からない高度な問題です。重回帰分析における説明変数の選択は，データ分析者にとって大変重要なスキルとなります。通常はF値による変数増減法やモデル選択基準が最適になるようにしらみつぶしに調べ上げる方法がとられます。重要なことの一つは，モデルの重相関係数や寄与率は，たとえ意味のない説明変数であっても追加すればするほど大きくなってしまう事です。これは，重相関係数や寄与率が単に与えられたデータに対するモデルのあてはまりだけを評価しているからです。従って，重相関係数や寄与率が大きくなるように説明変数を追加していくと，最後は不要な説明変数

も含めてすべての変数がモデルに取り込まれてしまいます。このようなモデルは，しばしば偏回帰係数の精度が低かったり，予測性能が悪くなったりしてしまうので注意が必要です。

（問8）

正解：（1）

多重共線性の問題とは，説明変数間で強い相関がある場合に，各説明変数の回帰係数が正しく推定できなくなってしまう問題をいいます。説明変数と目的変数の間の線形関係を推定しようとしているにも関わらず，複数の説明変数間にも線形関係が存在すると，変数やサンプルの追加によって推定された偏回帰係数が大きく変動したり，係数の符号が変わってしまったりと不安定になります。

第13章　ロジスティック回帰分析（6問）

（問1）

正解：（2）

ロジスティック回帰分析では，目的変数が二値の質的変数の場合を扱いますが，説明変数については，量的変数と質的変数の両方を用いることができます。すなわち，説明変数が量的変数の場合は，ダミー変数化する必要はなく，そのままモデルに取り込むことができます。

（問2）

正解：（1）

ロジスティック回帰分析では，重回帰分析のような誤差は仮定されず，反応確率を用いた最尤推定法が適用されます。最尤推定法とは，観測されたサンプルデータを説明するために，もっとも尤もらしい（そのデータが生起する可能性がもっとも高くなるような）偏回帰係数を計算する方法です。ロジスティック回帰分析では，そのような推定値を数式で直接的に求めることができません。そのため，ニュートン・ラフソン法のような繰り返し演算によって，探索的に求められます。

（問3）

正解：（3）

ロジスティック回帰分析では，反応確率をモデル化していますので，重回帰分析のような残差平方和を計算しません。重回帰分析では，説明変数の線形式に誤差が加わるモデルが仮定されていましたので，この誤差の推定値を計算したり，推定された回帰式の有用性を確認するために残差平方和は重要な役割を持っていましたが，ロジスティック回帰分析では，これは用いられません。

（問4）

正解：（1）

　寄与率や自由度調整済み寄与率は，重回帰分析で用いられる評価指標であり，ロジスティック回帰分析では使われません。寄与率が重回帰モデルの評価指標となることの背後には，最小二乗法が残差平方和を最小にするような推定になっていることがあります。ロジスティック回帰分析では，各説明変数に対する偏回帰係数やオッズ比を検討します。

（問5）

正解：（4）

　移動平均は，時系列データに対して計算される統計量ですので，ロジスティック回帰分析とは関係がありません。その他の「反応確率」，「ロジット変換」，「オッズ」はいずれもロジスティック回帰分析で使われる用語です。

（問6）

正解：（2）

　どの説明変数の偏回帰係数が有意となるか／ならないかは，実際にロジスティック回帰モデルを推定してみないと分かりません。各説明変数と目的変数の散布図を描いてみれば，説明変数が目的変数に影響を与えているか否かのおおよその検討は可能です。しかし，偏回帰係数は，その他の説明変数との関係性の中で推定されるものであるため，1つの説明変数と目的変数の1対1の散布図で見られる相関関係の傾向が，そのままロジスティック回帰の分析結果に反映される保証はありません。

　したがって，実際のデータ分析の場面では，実際にロジスティック回帰分析で偏回帰係数を推定してみて，推定値やp値を確認するとともに，AICなどのモデル選択基準などを用いて探索的に良いモデルを探す必要があります。

解答と解説

索引

タ

マ

ヤ

●著者紹介

後藤 正幸（ごとう まさゆき）
早稲田大学　創造理工学部経営システム工学科
早稲田大学創造理工学部経営システム工学科・教授。2000 年，早稲田大学大学院理工学研究科博士課程修了（博士〔工学〕）。東京大学大学院工学系研究科環境海洋工学専攻・助手，武蔵工業大学環境情報学部情報メディア学科・准教授を経て 2008 年，早稲田大学創造理工学部経営システム工学科・准教授。2011 年より同教授。データサイエンス，情報数理応用，機械学習，ビジネスアナリティクスなどの研究に従事。多数の企業との共同研究を通じ，顧客の購買履歴データ，IoT 製品のログデータ，従業員のコミュニケーションデータ，インターネットの閲覧履歴データなど，さまざまなビジネスデータ分析と先進的な AI・機械学習のビジネス応用の研究を展開している。著書に『入門パターン認識と機械学習』（コロナ社），『IT Text 確率統計学』（オーム社）など。

ビジネス統計のための基礎理論

2023 年 2 月 1 日 初版　第 1 刷発行

著者	後藤 正幸
発行	株式会社オデッセイコミュニケーションズ 〒 100-0005　東京都千代田区丸の内 3-3-1　新東京ビル B1 E-Mail：publish@odyssey-com.co.jp
印刷・製本	中央精版印刷株式会社
カバーデザイン	アイハラケンジ（株式会社アイケン）
カバーイラスト	KHIUS/Shutterstock
本文デザイン・DTP	アーティザンカンパニー株式会社